生活中的心理学

①认知与理性

王垒 著

人民邮电出版社

北京

图书在版编目（CIP）数据

生活中的心理学. 1，认知与理性 / 王垒著. -- 北京：人民邮电出版社，2024.1
ISBN 978-7-115-62842-8

Ⅰ．①生… Ⅱ．①王… Ⅲ．①心理学－通俗读物
Ⅳ．①B84-49

中国国家版本馆CIP数据核字(2023)第192044号

◆ 著　　　　王　垒
责任编辑　马晓娜
责任印制　陈　犇
◆ 人民邮电出版社出版发行　　北京市丰台区成寿寺路 11 号
邮编 100164　　电子邮件 315@ptpress.com.cn
网址 https://www.ptpress.com.cn
三河市中晟雅豪印务有限公司印刷
◆ 开本：880×1230　1/32
印张：6.375　　　　　　　　2024 年 1 月第 1 版
字数：133 千字　　　　　　　2024 年 1 月河北第 1 次印刷

定价：45.00 元

序言

在当代中国社会，心理学已逐渐成为显学，迎来了有史以来最好的时代！

回首 20 世纪 80 年代初，在北京大学校园三角地的书店，只有一本心理学类图书，并且被归在哲学类图书里，孤零零的。估计很少有人问津，因为人们很难注意到它。

那时候，心理学是个冷门学科，人们甚至不知道有这么个学科，以至于如果有人选择学习心理学，会有些奇怪。当时，一位老教授对新入学的新生这样说："你们上了'贼船'了。"意思是，你们看样子是学了不能学、不该学的东西。足见当时心理学的尴尬。

在当时，学者们经常调侃，心理学现在是锦上添花，是调味品，而不是必需品。也就是说，对生活或学术来讲，它可有可无。而只有到了它成为生活的必需时，它才会成为显学。四十多年过去，终于等到了这一天！

心理学怎么就成了生活的必需品了？

当你无法欣赏生命本身，无法从生命中内生出一种力量，时时刻刻感到厌倦，分分秒秒感到苦恼，随时随地欲要摆脱，你就没有和你的生命融为一体，就是出了问题。这时就需要心理学的帮助，心理学就是必需品。

心理学是帮助我们了解人生、开启人生、高效生存、迈向幸福的钥匙。

你想快乐，你就需要心理学；你不想不快乐，你也需要心理学。

让我们来看看让心理学成为必需品的场景。

先说职场。这里压力很大。为什么有些人选择"躺平"？因为心理动力不足，因为没有目标，因为没有办法。人们必须在认知和行动上重新找到工作的意义。另外一些人则选择"卷"起来，拼了命地竞争，即使不堪挣扎也无法放弃，越"卷"越用力，以至于被卷入职场的旋涡无法自拔。这两类人同样需要心理学的拯救。

特别是，工作中人们会有这样的感受，不管自己怎么拼命努力，总得不到上司的赏识，而自己工作上出了点差错，却被上司揪住不放，被训斥，甚至被同事嘲讽，感觉遭受了职场暴力。但有时也会奇怪，你觉得别人都不行，可是眼看着那些看起来比你差的人不断晋升，活得比自己好。这是自己得了职场红眼病吗？为什么自己的人生会这样？为什么自己就不能成为自己想成为的人？这里有心态的问题，有认知策略的问题，也有生活方法的问题。心理学都能为此提供帮助。

再说婚姻关系。为什么在一些人看来，婚姻成了爱情的坟墓？一部分原因来自认知和情感的偏差。例如，最初人们在意的是对方的优点，看到的都是对方的长处，于是就越想越觉得自己需要对方，对方就是自己的另一半。但后来发生了什么？原本熟悉的长处变得习以为常，吸引力降低，你开始盯着对方的缺点看，每天想的都是对方的不足，甚至变得吹毛求疵。于是，你开始讨厌另一半，巴不得把对方甩掉。其实大多数情况下，人还是那个人，只是这段关系中彼此的认知发生了扭曲，情感也就跟着发生扭曲。所谓坟墓，其实都是自己亲手搭建的，自己刨坑把自己埋了。

再看子女教育。很多家长搞不清什么是快乐教育、什么是挫折教育，什么是惩罚教育、什么是溺爱教育，一开始的教育方式就错了，亲子关系越来越拧巴，教育适得其反。有些家长还觉得，把孩子教成了自己最讨厌的样子，白费功夫了。

你可能在商场看到过，一些孩子因为家长不给自己买玩具，就号啕大哭，躺在地上耍赖。家长大声呵斥，甚至动手，也无济于事。孩子撕心裂肺地哭喊，很是扎心。你也许会奇怪，孩子怎么会变成那样？忘了自己可能也曾是这个样子，或者自己的孩子也可能会做出类似的事情。为什么会有这样的行为呢？有什么方法避免呢？

你可能在电梯里看到妈妈呵斥上小学的女儿，嫌她不够勤奋，嫌她懒，嫌她笨，嫌她没有达到父母的要求，嫌她没有得到老师的赞扬……孩子泣不成声、无地自容。你可能会想，这个妈妈为什么会这样教育孩子？太不通情理了。你可能会怀疑，在这样的沟通方式下，孩子能过得好吗？孩子对自己满意吗？对未来的人生会是满意的吗？实际上，很多人的童年也有过这样的遭遇，或者自己也会活成这样的妈妈。为什么意识到了不好还会这样做？到底哪里出了问题？有什么办法纠正？心理学会提供帮助。

在其他场景，如在考核、考试、竞赛中，人们常常发现自己越是想避免的结果，好像越容易发生；而自己越期待的东西，越容易失之交臂。于是，生活成了烦恼的来源。

……

为了解决这些烦恼，人们积极地寻找方法，如多读书。

而心理学成为显学的标志之一就是市面上的心理学读物越来越多，彰显出心理学的繁荣。如果你去书店转转，就会发现有关心理学的图书成架成堆，令人目不暇接。在经济、文化发达的社会，心理学作为显学的表现之一是书店里有关心理学的图书数量排在前列。其他指标包括每年授予心理学博士学位的人数在各学科中排在前列，每年大学里选修心理学课程的人数排在前列。

虽然现在书店里有关心理学的通识入门图书越来越多，但仍然存在以下几个问题。

第一，一部分是学院式教科书，它们比较适合大学心理学专业的学生学习，它的好处是系统性强、科学性强，但不足也很明显：通俗性不足，与大众的关联性不多，实用性不强。对大众来说，仍有距离感。

第二，一部分虽然强调生活的关联性、日常的实用性，但要么缺乏心理学的科学支撑和严谨性，要么其心理学知识片段化、局部化，抑或只涉及某些专题，让人很难看到整个心理学的基本框架和面貌。还有些通俗读物往往注意强调个人的感悟，或者受作者个人专业领域的局限。总之，偏向于为大众介绍心理学的通识图书十分稀缺。

这使我想起很多年前看到的艾思奇写的《大众哲学》，它不厚不复杂，文字简略，娓娓道来，有故事，有生活，有知识，有哲理，通俗易懂，深入浅出。这给了我很大的启发。写给大众的心理学概论之类的图书，应该具备这样的特色，它会让人爱不释手，让大家觉得贴近生活，接地气，学而有用，用有所悟。

当然，要写这样一本书，需要巨大的勇气和相当的投入，需要下很大的决心。好几年前，先后有多个音频知识平台发来邀请，直到2021年，帆书（原樊登读书）派出编辑小组与我商讨，先后持续了大半年。我感动于他们的执着，终于下了决心，编写、开讲"生活中的心理学"，因为做这件事实在是非常有意义、有价值。它不仅推广科学，传播知识，更能在日常生活的点点滴滴之中，帮助大众更好地、更有效地、更快乐地生活和成长。这也是我开设这门课的宗旨。

音频课播出后相当受欢迎，很快播放量就超过一百万。于是，光尘图书的编辑找到我，建议把课程的内容整理成图书出版，呈现给更多的读者，这就有了现在的《生活中的心理学》这套书。当然，我在原来音频课基础上做了相当大的修改，使它系统性更强，框架均衡，内容充实，更便于读者分门别类地吸纳知识。

下面来说说这套书的框架。

这套书共四册，呈现系统性的心理学知识，同时每个关键知识点都联系到社会生活的真实场景和应用方法。具体包括以下几大部分。

认知与理性。讲解人的认知过程，说明人是如何认识世界的，内容如下。

- 感知：我们是怎么感受世界的，有哪些感觉，各种感觉如何协调工作，我们该如何防止被感知觉欺骗？

- 专注：如何注意该注意的、忽略不该注意的，如何当心注意盲区，如何调整注意策略？

- 记忆：什么是记忆和遗忘，如何提升记忆力，过目不忘是真的吗？

- 学习：人们如何通过各种学习积累经验，有什么窍门？动物的学习和人类的学习有什么相通之处，可以借鉴吗？

- 言语：言语能力是天生的吗，有哪些自然语言，如何矫正口吃？

- 思维：如何有效思考、解决问题，如何规避思维陷阱？如何提高思维能力？逆向思维、镜像思维、延展思维是怎么回事？

• 想象与创造力：如何锻炼想象力，如何凭借有限想象力想象无限的事物？有哪些能更好地发挥创造力的策略？

情绪与情感。例如各种基本情绪，如喜、怒、哀、惧，以及复杂情绪，如焦虑、傲慢、嫉妒、抑郁都有什么特点？情绪的调节方法有哪些？情绪与情感的区别是什么？负面情绪有哪些积极作用？如何才能更快乐？幸福的密码是什么？如何摆脱焦虑和抑郁？

动机与行为。人们的各种行为动力来源是什么？本能、需要、驱力、意志如何渗透在我们的日常生活行为中，为我们提供何种行为动力？为什么有人暴饮暴食，有人却厌食；为什么有人常立志、有人立长志？成就动机怎么来的？不满意的反面为什么不是满意？鱼和熊掌如何兼得？如何提高内在动机？为什么有人为财死，而有人对理想至死不渝？

性格与人际关系。人的气质和人格是什么，有什么关系和区别？为什么有的人很有耐性，有的人却很暴躁？有的人很执着，有的人很懦弱？文艺作品中那么多栩栩如生的人物，如何解读他们的主要性格？他们为我们的日常生活提供什么样的指南？还讲了生活中的各种关系，如亲密关系、夫妻关系、婚恋关系、亲子关系、同事关系、上下级关系、邻里关系。人如何理解这些关系中的心理？如何在各种关系中游刃有余地应对？如何更好地经营这些关系，让生活更有质量？

这些内容涉及生活的各个层面，力求做到内容丰富又详略得当。

这套书的另一个特点是"新"。我选用了不少 2020 年以后最新的心理学发现，它们大多都还没有进入学院式教科书。大家可以由此看到心理学最新的进展，以及它如何深入我们生活中的方方面面，先睹为快。通过读这本书，你很有可能比心理学专业的本科生更早知道一些内容。

特别是，我选取了多篇 21 世纪《自然》(*Nature*)、《科学》(*Science*)这类顶级科学期刊上发表的心理学相关研究，为读者做了解读，使大家能够更好地了解心理学如何以相当简明但严谨的方式去剖析非常深刻复杂的现象，领略科学的风采。

为了帮助大家读好这本书，这本书的构造强调三个组成要素：一是知识内容，告诉大家具体的心理学原理；二是生活应用，告诉大家如何将心理学知识用于自己的生活；三是深刻和高度的提炼，从而更好地指导生活。你会看到，每个章节都贯穿这三个要素。特别是第三个要素，也就是知识凝练，我专门为大家写作了一些总结性的话语，把心理学的智慧提升起来，沉淀下来，凝聚出来。

总之，这是这样的一套心理学图书：

• 它是写给普通人的心理学教科书，写给学生的通识读物。

• 它是比教科书更通俗易读的心理学通识图书，比通俗读物更科学丰富的教科书。

• 它把科学讲进故事，把故事讲出科学。

- 它是不费力气也能读下来的教科书，花点儿心思就能上手的实用指南。

- 它使你不再觉得生活很累，为你增添许多人生智慧。

希望你不是真的因为生活有很多困惑或纠结才来看这本书；但如果你生活中真的有些困惑或纠结，那你一定要来看这本书。送你一句话：放下拿不起的，拿起放得下的。

感谢帆书的舒从嘉、殷紫云，他们坚持不懈的努力，直接促成了我下决心写音频课的讲稿，并在我随后每一期的音频课讲稿的写作中，给予了很多有价值的建议和意见。感谢我的学生郑清、马星、贾浩哲，他们在我的课程讲义的写作中承担了部分文献和素材的整理工作。感谢光尘文化传播有限公司的王乌仁，以及人民邮电出版社的各位朋友，他们对课转书的定稿提供了许多建议和意见。他们的耐心和专业精神尤其令人敬佩！

王垒

于北京大学

目录

第一章

感知觉：认识世界的
第一渠道

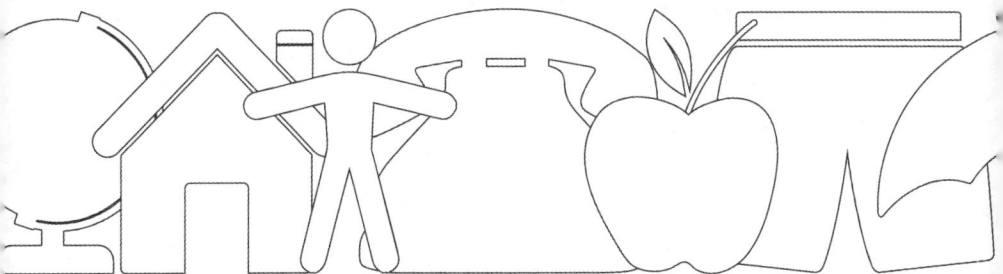

第一节　感觉：心灵的门户

感觉是心理学研究的第一个课题，因为感觉是人类心理活动最简单、最基础的表现形式。我们了解世界、了解自己的内在状态，都是从感觉开始的。感觉有多种类型，每一种感觉都是对客观事物的特定属性的觉察，或者说是对接收到的事物的特定属性的反馈，比如听觉、视觉、味觉等。

人们都说"眼睛是心灵的窗户"，而我要说"感觉是心灵的门户"。我们获取的所有信息，都是通过各种感觉进入我们的心理过程，进而被大脑加工的。例如，我们喜欢一个人，一定是因为我们见过这个人，或者听过别人对这个人的描述，在视觉或听觉上接收了信息，心中才会有反应；如果我们既没见过这个人也没听说过这个人，没有视觉或听觉等感觉，就不会心生波澜。

可以说，没有感觉就没有心理活动。

感觉的种类

我们每天都生活在自己的感觉之中。或许每个人都觉得自己对自己的感觉了解得非常清楚，无须研究。然而，我们真的了解自己的感觉吗?

我们常说"人有五感",即人有 5 种感觉。果真如此吗?让我们来看看下面这段描述。

> 你早晨听到闹钟响,被唤醒,这是听觉。你打了个哈欠,伸了个懒腰,坐起来,又站起身,感觉到自己改变了身体姿势,这是本体觉。你穿上舒适的衣服,这种舒适的感觉是触摸觉。你走到窗前拉开窗帘,看到远处灿烂的朝霞,这是视觉。你去刷牙,调节水温后,觉得不冷不热正好合适,这是温度觉。你用恰当的力道握住盛满水的水杯,这时你有重量感觉。你开始做早餐,闻到早餐的香味,这是嗅觉。接着,你吃上了美味的早餐,这是味觉。很快你就觉得吃饱了,撑着了,这是机体觉。你走出家门去上班,当你左右脚交替地迈下台阶时,你会注意保持身体的平衡,不左右晃动,避免跌倒,这是平衡觉。

上述感觉自然而丰富,然而这仅仅发生在早晨起床后的半小时内。也就是说,感觉存在于生活的每一个瞬间,种类繁多,但我们在日常生活中却很少会留意。

我们常说"人有五感",是因为提到感觉,我们往往首先想到的是眼、耳、鼻、舌、身 5 种感官。但由这 5 种感官产生的感觉可不止

5种。

（1）眼睛是视觉器官。

（2）耳朵是听觉器官。

（3）鼻子是嗅觉器官。

（4）舌头是味觉器官。

"身"指全身，这是最大的一个感觉器官，它可以产生很多种感觉，具体如下。

（1）触摸一个物体，会产生触摸觉。

（2）拿起一个物体，会产生重量感觉。

（3）用身体感受冷热，会产生温度觉。

（4）对自己的坐、卧、走、躺、站等姿态产生的感觉叫作本体觉。

（5）行走时需要保持身体的平衡，不能左右晃动，以免摔倒，这靠的是平衡觉。

（6）觉察到自己的心跳、肚子饥饱、肠胃蠕动、肌肉僵硬，这靠的是机体觉。

可见，一个普通人大约有10种感觉，其中视觉和听觉最为重要。统计表明，人们每天接收的信息大约有80%都来自视觉和听觉。

感觉是我们对环境中每一条具体信息的反应。通过汇聚这些信息，我们可以了解我们身处的世界，并对环境做出有效的、合理的反应。因此，感觉就是我们了解世界的门户，是我们的信使，也是我们的报警器。

英国哲学家乔治·贝克莱曾说："存在就是被感知。"我们之所以觉得世界那么美好，是因为我们有丰富的感觉来帮助我们了解这个世界。世界就是我们感觉到的样子，一旦缺失了这些感觉，世界对我们来说就什么都不是。我们的大脑需要定期输入感觉信息才能保持正常状态。

感觉是心灵的门户。因为我们有感觉，世界才可爱。正是通过感觉，世界才变成我们的世界，世界才变成我们了解的世界，世界才变成我们可以适应并生存的世界。

感觉的欺骗性

前面介绍了感觉的种类，接下来介绍一个很实用的概念，那就是"感受性"。

感受性是指人捕捉、觉察物质的存在或变化的心理特性。通俗地说，就是对刺激的感受敏锐度。人们第一次接触一个物体或一种环境时，感受性是很强的，但随着接触这个物体或这种环境的时间变长，感受性就会慢慢变弱，这种现象叫感觉适应。用一句古话来说就是

"入鲍鱼之肆，久而不闻其臭"。人刚走进一间卖鱼的店铺时会闻到浓烈的鱼腥味，但在店里待久了，渐渐适应了，似乎就闻不到了，这是因为人会对物体和环境产生感觉适应。

在心理学领域，人们用感觉阈限来表示感受性。"阈限"的"阈"是"门槛"的意思，这里指界限。感觉阈限是指人要感觉到一种刺激或者一种刺激强度的变化，这种刺激至少要达到的强度界限或门槛，比如亮度、响度。从这个意义上讲，阈限越低，人对这种刺激的感受性就越强；阈限越高，人对这种刺激的感受性就越弱。

清晨，刚拉开窗帘时，我们会觉得外面的光线很刺眼，但过一会儿就不再会觉得刺眼。这是人对强光的适应，对光的感受性下降，也就不觉得强光刺眼了。相反，刚走进黑漆漆的电影院时，我们会觉得除了银幕什么都看不清，但是适应了之后，就能看清很多东西了，甚至能看清前排的座位号。这是因为我们对光的感受性提高了，在很弱的光线下也能看清物体。

所有的感觉都有这种适应现象。人对感受性的调整可以使我们根据外界的环境进行自我调整，从而减轻心理负荷，减少心理消耗，这是一种非常经济的适应策略。

那么，理解感受性对我们有什么帮助呢？在现实生活中，我们要警惕因为感觉适应而丧失感受性，做出不恰当的选择，甚至"坑"了自己和别人，请看下面三个场景。

1. 味蕾欺骗游戏

喝奶茶、吃甜品是现代人的普遍嗜好。有的人嗜糖，大多数人觉得太甜的食物，对于嗜糖者而言，可能甜度刚好，这是感觉适应导致感受性下降的结果。饮食一贯偏甜的人在味觉适应之后，为了更大程度地感受到甜味，会摄入更多的糖，这是因为他们对甜味的期待值越来越高，却又对甜味越来越不敏感，最终在不知不觉中摄入越来越多的糖。许多中国人会觉得欧美国家的甜食甜到发腻，难以接受，就是因为大部分欧美人习惯了过甜的饮食。嗜糖也导致欧美人中过度肥胖的人较多。

其实，婴幼儿对甜味不太敏感，家长不给婴幼儿吃糖或其他过甜的食物，婴幼儿就不会渴求甜食。因此，让孩子从小养成少吃甜食的习惯，孩子长大后就会自觉拒绝过甜的食物。

同样地，有的人吃辣吃到近乎"变态"的地步，看起来似乎这个人很能吃辣，其实是因为他的味蕾长期受辣味食物的刺激，变迟钝了。所谓的"能不能吃辣"，并不是说肠胃能消化吸收多么辣的食物，而是味蕾能接受多么重的辣味刺激。而辣味食物会对肠胃产生很强的刺激，暴食辣味食物，无论味蕾适不适应，其对肠胃的刺激都确实存在，久而久之，就可能引发各种肠胃疾病。

对任何一种味道的食物，如果长时间、高强度摄入，都会导致味蕾变迟钝，感受性下降，而这时候为了获得同样的味蕾刺激，人们就会加大食物的摄入量，养成不健康的饮食习惯。因此，我们要注意健康饮食，防止养成味蕾欺骗导致的不健康饮食习惯。

2. 香水挑选陷阱

刚进入一家香水商店时，我们会觉得香味扑鼻，但很快嗅觉对香味的灵敏度就会下降。这时，如果店员随便推荐一款香水，或者直接将香水喷在我们手背上让我们试闻，我们很容易就觉得它确实比其他香水香。这是因为我们对其他香水的香味已经适应了，只有眼下手背上的香水能让我们嗅出很浓的香味。于是，我们就被"忽悠"了，最终可能买下一款并不适合自己的香水。

因此，进店挑选香水，要先警惕室内的香味。挑选具体的香水时，正确的方法是把少量香水喷洒在试香纸上，在鼻子前面轻轻地扇一两下，然后赶紧拿开。要避免闻得太久，否则就会产生感觉适应，闻什么都不那么香了，从而很难辨别出各种香水的香味，无法正确选择。

3. 家电选择策略

我们在商场里选购空调、冰箱、电视机时，明明当时觉得没什么噪声，可是当把商品搬回家使用时，会发现它们有很大的噪声，远远大过我们在商场时感受到的，到了晚上就更加明显了。

这就是感觉适应导致的。白天去商场购物的时候，我们可能走了很长的路，嘈杂的街区和商场让听觉慢慢适应了各种噪声，听觉的灵敏度大大下降，对空调、冰箱发出的噪声不再敏感。但我们把它们搬回家时，听觉灵敏度已经恢复了，四周也非常安静，这时空调、冰箱的噪声就极易被察觉。发生变化的并不是电器，而是听觉的灵敏度。应对这类问题的方法是，出门买家电时戴上耳塞，最好打车去商场，进店就直奔家电区，在鉴别噪声时再把耳塞取下来。

时而灵敏时而迟钝的感觉可以让我们更好地适应环境，避免不必要的身体损伤，这是好事，但也可能被有心人利用而变成"坏事"。意识到这一点，使用一定的应对之法，我们就能做出正确的选择。

感觉间的"联手"

接下来，再说一个重要概念，那就是"联觉"。

我们都熟悉"望梅止渴"的故事，它验证了一个心理学现象：不同感觉并不是完全孤立的，而是常常联合起作用。这种现象叫"联觉"。看到了梅子，那是视觉在起作用；尝到了梅子的酸味，那是味觉在起作用。由视觉引发味觉，这就是联觉的特殊作用。

联觉现象最早是由英国哲学家约翰·洛克发现的。他在研究盲人对外界刺激的反应时发现，当给盲人听喇叭声时，盲人会感觉眼前一片猩红，也就是说，听觉的刺激引发了盲人的视觉感受。

在现实生活中，联觉也可以被运用在一些场景中，下面举几个联觉在商业中应用的例子。

1. 联觉与产品包装设计

产品包装设计的视觉特性会引发消费者更多的感觉。例如，科罗娜啤酒被消费者误以为是一款口味很清淡的啤酒，但事实并非如此。商家的套路就藏在那细长而透明的瓶子里。我们见过的大部分啤酒瓶的玻璃都是绿色的，而科罗娜啤酒瓶的玻璃是透明的。啤酒本身是淡黄色的，装在透明玻璃瓶中，所呈现的色彩很容易被认为是阳光照射的结果。试想，如果对着天空举起两瓶啤酒，一瓶是绿色玻璃瓶中的啤酒，一瓶是透明玻璃瓶中泛着淡黄色的科罗娜啤酒，那这种淡黄色给人的联想就是"淡淡"的——这瓶啤酒的口味很清淡。

2. 联觉与商店环境设计

联觉还被用在很多商店的装潢设计上。研究表明，闻到清香会让人产生干净的视觉感受；相反，如果闻到令人厌恶的气味，则会让人产生肮脏的视觉感受。因此，许多商家会营造一种清香的环境，让顾客产生商店很清洁、干净的感觉，从而心情愉悦地购物。

还有研究表明，舒缓的音乐可以让人放松，产生一种类似"声音按摩"的效果。因此，一些商场会播放舒缓的音乐，目的是让人们在商场里放松下来，觉得生活节奏变慢、时间变长，于是在商场里待得更久、消费得更多。

3. 联觉与广告设计

更有趣的是，某个甜甜圈品牌在公交车上打广告时，特意安装了特制的空气清新剂释放器，它会散发出这款甜甜圈特有的咖啡香味。每当乘客看到这则广告时，都会闻到这种特殊的香味。这种视觉和嗅觉的联觉作用大大提升了广告的效果，与投放广告之前相比，店铺访客量增长了 16%，营业额增长了 29%。

商家在做品牌推广时，适当地运用心理学知识，让目标消费者产生联觉，可能会比直接打广告、喊口号更加有效。而对于消费者而言，对联觉多一点察觉，也有助于我们做出更合理的选择。

守护生命的痛觉

最后，再介绍一种对人的生存特别有意义的感觉——痛觉。

痛觉是一种特殊的感觉。人体受到伤害时会产生极不舒适的感觉，这种感觉就是痛觉。小孩子常常会许这种天真可爱的愿望："要是不会感到疼痛，那该多好啊！"然而，这个想法是不正确的。

在人类适应生存环境的漫长过程中，痛觉这种特殊的感觉让我们形成了很好的自我保护机制。比如，手被扎伤，产生了痛觉，我们就会迅速把手收回来；又如，脚踩到了燃烧着的木炭，灼痛的感觉会使人迅速把脚抬起，远离火源，以免继续受到伤害。胃溃疡、胃出血等疾病都会让人产生痛觉，那是它们在向大脑发出报警信号，提醒人们及时采取治疗措施。如果没有痛觉，身体受到严重伤害我们却不知道，就有可能危及生命，后果不堪设想。

人在一生中，很多时候都需要与痛觉共存。为了避免感觉到疼痛，人类发明了各种麻醉剂和止痛药。但事实上，痛觉是人类的好朋友，我们离不开它。能有痛觉，说明我们足够机智，能凭本能发现危险，让自己更好地生存。

总之，感觉是心灵的门户，没有感觉，我们就无法了解世界；感觉同时也给我们提供了人类赖以生存的必要信息，让我们适应世界并存活下来。生活美好要靠感觉，避免生活不美好也要靠感觉。失去感觉，我们的生活将面临很多危险。

第二节 知觉：认识世界与自己

如果说感觉是对客观事物单一属性的觉察，那么知觉就是对客观事物多种属性的综合觉察。知觉和经验整合在一起，就形成了我们对客观事物的整体印象。

感觉与知觉的区别

"感知"是一个常用的词语，但在心理学中，"感"和"知"是两个不同的概念。例如，听到下面这样一段描述，你能否猜到它指的是什么？

这个物品的上部红红的，是一片一片、一层一层地围起来的，闻起来有一种独特的香气；下部有一根长长的枝条，还有些侧枝，侧枝上有绿色的叶子，枝干上还有一些刺，有点扎手。

答案是：它是一枝玫瑰花。

回想一下，在整个猜测过程中，我们根据关于红色部分物体特征、绿色叶子、枝条和侧枝的视觉描述，关于刺会扎人的触觉描述，以及关于香气的嗅觉描述，得到了关于这个物品的感觉信息，我们将这些感觉信息整合在一起，再利用已储备的知识、经验，经过分析，就完成了对这个物品的整体识别，在大脑中形成了这个物品的完整形象——玫瑰花。这个过程就是知觉，知觉的主要任务和成果就是模式识别，帮助我们辨认出我们感觉到的物品。

总的来说，知觉就是对各种感觉信息加以整合，并结合以往的经验做出分析，完成对感受对象的模式识别的过程。

那么，知觉和感觉有哪些区别呢？

1. 第一个重要区别

感觉只是搜集了事物的某种特定信息，如声音、气味、视觉效果等，而知觉则是把所有这些感觉信息整合起来。每种感觉都只加工特定领域的信息，比如鼻子闻不到光线，耳朵听不到气味，眼睛看不到声音。因此，我们要想对客观事物形成完整的感知，就必须整合不同的感觉信息，这就是知觉的模式识别。当然，模式识别几乎是在一瞬间完成的，所以一般人区分不了感觉和知觉，这也是人们通常会把感觉和知觉合起来称为"感知"的原因。

2. 第二个重要区别

知觉需要以大量的经验为基础来整合各种感觉信息，知觉不等于感觉，也不是各种感觉的简单相加。

如果我们从来没有见过一样东西，没有积累任何关于它的经验，知觉就会遇到困难，无法完成模式识别。

比如，一家企业的办公桌上放着一样东西，从形状上看像是名片盒，既有塑料部件也有金属部件，但又不是名片盒。

我们很可能想不出上述物件到底是什么，有何用途，因为虽然有丰富的感觉信息，但我们从来没见过、使用过它，没有任何关于它的经验。

其实，上述物件是一种独特的自动裁纸器，可用来开启信封。即便知道了答案，你可能还是很难想象这种裁纸器如何使用，除非查看说明书形成新的经验。

根据这两个区别，我们可以发现，每种感觉都是对客观事物单一属性的觉察，知觉则不同。以玫瑰花为例，视觉是看到它，嗅觉是闻到它，触觉是摸到它，而知觉可以把 3 种感觉信息综合起来，得到"玫瑰花"的模式识别结果。知觉还可以做减法，因为有经验的参与，我们可以只看到玫瑰花瓣或只闻到花香就能说出它的名字。

知觉的模式识别受到人的经验的影响，这也提醒我们：世界上还有很多我们不知道的东西，我们必须知道自己不知道。所以，保证知觉准确性的关键在于让自己成为经验丰富、见多识广的人。

知觉偏差

由于人的知觉受到内部主观经验和外部客观环境的影响，人有时也不能完全明白自己感知到的是什么。知觉并不全是对客观事物的可靠反应，而是会存在大量偏差，甚至会背离真相。

人们能对产品的品质做出正确的判断吗？现实生活中的大量事例表明，很多时候，我们的判断是不准确的。最典型的例子就是品酒，人们常认为贵的酒更好喝。

加州理工学院的学者曾针对这个问题做了一项实验，结果令人啼笑皆非。实验中，品酒者被要求品尝 5 瓶外观完全相同的葡萄酒，酒瓶上有不同的价格标签，从 5 美元到 90 美元不等。品酒者需要感知每款酒的品质与美味程度，并最终对每款酒打分。研究人员在设计实验时暗藏"心机"，其实这 5 瓶酒并不是 5 款不同的酒，而是 3 款；标签上的价格也并不是酒的真实价格。在品尝过程中，品酒者可能会喝到贴着不同价格标签的同款酒。

品酒者能品尝出两瓶完全相同的酒，并给它们打出相近的分数吗？结果令人失望，品酒者一致表示：越贵的酒越好喝，比起 10 美元的酒，90 美元的酒要好喝得多；比起 45 美元的酒，5 美元的酒简直难喝得不行！品酒者不知道它们只是被贴上了不同价格标签的 3 款酒。品酒者真正感知到的并不是酒的品质、美味程度，而是标签上的价格。因为贵，所以品酒者觉得好喝，而所谓的对好喝的感知不过是为了让较高的价格合理化。于是，人的感知和判断陷入了一个怪圈。

我们可以反思生活中是否还有这种消费误区：为什么奢侈品的价格那么高？到底是什么影响了人们的感知？

我们要对自己的知觉加以警惕，知觉结论不只是感官作用的结果，价格、品牌、产地、心情都可以成为影响关于一样东西"好"与"不好"的知觉的因素。大家不妨用《红楼梦》里的一副对联时常提醒自己：假作真时真亦假，无为有处有还无。

知觉的恒常性

除了知觉偏差，知觉还有一个有趣的特性，那就是"恒常性"。

一个身高 180 厘米的人站在我们面前，我们会觉得他很高，即使他站在 100 米开外的地方，我们依然会认为他很高，虽然这个时候他在我们眼球上的成像和近处一粒蚕豆的成像差不多大。从正方形桌子的对角线看桌子时，桌子在眼球上的成像是一个不太规则的四边形，但这并不影响我们把这张桌子看成是正方形的。我们看到一张白纸被打上红光，虽然纸呈现出红色，但我们不会认为这是一张红纸，仍然知道这是一张白纸。一张桌子挡住了下面的地板，我们并不会认为桌子下面的地板消失了，而会认为它是连续延展的。

人拥有的这种辨别能力源自知觉的恒常性。也就是说，在非极端的环境下，我们对客体本质的感知会保持稳定，并不会因为识别的环境条件发生变化而变化。这种恒常性对我们认识客观世界很重要，否则我们看到的世界万物随时都会发生扭曲，这是我们无法承受的。

当然，现实生活中，我们的知觉恒常性也会打折扣，出现较大偏差。比如，在不知道中央广播电视塔的真实高度时，人们往往觉得它大概有 150 米。可它的实际高度是 380 多米，我们对高度的知觉恒常性打了"对折"。

通常，人从下往上看时，会低估高度；反过来，从上往下看时，会高估高度。例如，一个 2 米高的台子，我们从下往上看时，不会觉得它"高不可攀"；但如果从上往下看，即使它只有 2 米，我们也会觉得高得有点儿令人害怕。

理解了知觉的恒常性之后，我们再读"横看成岭侧成峰，远近高低各不同"就更能体会诗中的意境了。

完全没有感知，生存将很困难；完全相信感知，生活将有麻烦。

"正常"的错觉

比知觉恒常性的偏差更"糟糕"的，是日常生活中经常出现的错觉。

让人们对一个标准大小的小轿车停车位的面积进行估算，常常会得到 4 平方米、5 平方米、6 平方米、8 平方米、10 平方米这几种答案，而正确答案为 12 ~ 13 平方米。许多人家里的书房都没有十二三平方米，难道停车位比家里的书房还要大吗？在我们的印象中，一个小轿车停车位的面积似乎顶多六七平方米。我们来估算一下：一个标准的小轿车停车位要容得下一辆 2 米左右宽、5 米左右长的小轿车，那就要有 10 平方米。左右还要开门，不能车挨着车，所以在停车位的左右两边还要留出足够的空间，因此停车位宽 2.4 ~ 2.6 米。再乘以 5 米的长度，就得到答案 12 ~ 13 平方米。

人们为什么会判断错误呢？因为出现了"错觉"：在一个开阔的停车场里，在有很多停车位的情况下，一块十二三平方米的地面不会显得很大。如果我们准备 4 块板子，把停车位围起来，就会发现，这个停车位甚至和家里的卧室差不多大。在开阔的空间里，很大的面积也不会显得大；而在封闭的空间里，即使不大的面积也会显得很大。这是对比错觉。

还有一个经典的错觉现象。两根筷子一样长，如果把它们一横一竖摆成一个"T"形，竖着的筷子看起来更长，横着的筷子看起来更短；如果将"T"朝任意方向旋转 90 度，仍然会发现，从中点被另一根筷子分成两截的筷子看起来较短。这种现象叫"T 错觉"，是视知觉中一种常见的错觉。若把显得长的这根筷子从另一根筷子的中点向任意一端移动，最终使两根筷子呈"L"形或反"L"形，就会发现两根筷子一样长了，错觉消失了。感觉两根一样长的筷子不一样长，这其实是我们的眼睛"欺骗"了我们。人们常说"眼见为实"，现在我们还会对自己的眼睛那么自信吗？

错觉是人的感官在以正常的方式运作时产生的对事物的不正确知觉。错觉的结论是错误的，但这种现象本身却是"正常"的。

对于错觉，一方面我们要小心警惕，避免出现不应该有的错误，比如划小轿车停车位，如果出现错觉，划成了 6 平方米，就没法停车了。但另一方面，有的时候，错觉是可以被利用的，比如下面这个例子。

站在天安门广场中央向北看是天安门城楼，向西看是人民大会堂，哪一座建筑看起来更高呢？一般来说，人们会觉得天安门城楼更高，但事实上，天安门城楼高 34.7 米，而人民大会堂高 46.5 米，两者相差近 12 米。

人民大会堂大概比天安门城楼高出了 4 层住宅楼的高度，但是人们没能察觉。这其中就利用了错觉：天安门城楼的屋顶是斗拱飞檐，看起来显高；而人民大会堂是一个平顶建筑，南北长达 336 米，于是 46.5 米的高度也显得不那么高了。

如果人民大会堂在视觉上高过天安门城楼，天安门广场就不和谐了。设计师巧妙地利用了人的错觉，使得人民大会堂即使比天安门城楼高出十几米，人们还是觉得天安门城楼更高。

这些现象提示我们，人们在认识世界时，难免会出现这样那样的偏差，这都是正常的。

时间的主观感知

人们总觉得小时候时间过得很慢，就像歌里唱的"那时候天总是很蓝，日子总过得太慢"。但是，随着年龄越来越大，时间好像也越过越快。这个现象仍然与知觉有关，知觉中有一个很重要的内容就是人对时间长短、快慢的感知。

科学家曾对 19 ～ 24 岁、45 ～ 50 岁、60 ～ 70 岁 3 个年龄段的人进行了一个 3 分钟时长预估测试，让参与者主观估计 3 分钟有多长，再跟客观时间对比。实验结果是：人们对时间长短的估计都有偏差，而且年龄越大，偏差也越大。

原因是随着年龄的增长，人的生物钟会走得越来越慢，细胞分裂速度、新陈代谢速度自然也变得越来越慢。随着生物钟（主观时间）变慢，人对客观时间的感知精度也就变低了。

老年人生物钟上的 3 分钟，约等于客观时间的 5 分钟。也就是说，老年人把客观上的 5 分钟在心理上当成了 3 分钟，这也是为什么许多老年人做事都慢慢悠悠、不慌不忙的。年龄越大，主观时间的紧迫感越弱，年轻人认为 3 分钟早已结束，老年人则认为还没有到。

那么，我们有什么措施能提升时间知觉的精度，延缓生物钟变慢呢？答案是：适度锻炼，补充营养，保证充足睡眠。

生物钟受人体各种生理内循环的综合影响，比如，心跳、呼吸、新陈代谢、细胞分裂、激素释放、睡眠等。想要提升时间知觉的精度，延缓生物钟变慢，首先，要做的就是适度锻炼，有效改善心肺节奏，促进新陈代谢；其次，要补充营养，为身体提供新陈代谢、细胞分裂必需的原料；最后，要保证充足睡眠，以保持合理的生物节律和激素分泌。这几个建议虽是老生常谈，但它确实能强身健体，进而改变心理状态，提升人们的时间知觉精度。

我们已经了解感觉与知觉的差别，也知道知觉无法总是客观、精确地反映现实世界。只有科学地理解知觉，我们才能防范知觉偏差和错觉，并且懂得如何利用。

送给大家3句话，希望它们能时刻让你们保持清醒：

我们通过大量积累感知经验才能了解世界，所以要谨记"学而时习之"。

世界上的很多东西我们都看不到或看不懂，所以要谨记"不知为不知"。

我们的知觉受环境和经验的影响会发生偏差，所以要谨记"吾日三省吾身"。

第三节　具身认知：感知觉的隐性影响力

前面我们介绍了感觉和知觉，本节我们将把它们放在一起，给大家介绍感知觉对人体的奇妙作用。

感知觉是最简单、最基本的心理过程，反映了人对客体的认知，但它们会影响人高级的、复杂的认知过程，例如道德判断、价值判断、社会判断等。这些不同水平的认知互相包含、嵌套的现象，被心理学家称为"具身认知"（或"嵌入式认知"）。具身认知是感觉和知觉在我们身上产生的特殊影响。用好具身认知，不仅能改变他人对我们的想法和态度，让我们获得更多的机会和帮助，还能让我们变得更有魅力和更自信。

关于具身认知，有几个有趣的现象。

颜色决定胜负

人们对颜色一直存在很多丰富的联想，无论是在现实中，还是在文字里，人们都赋予红色和蓝色不同的意义。比如人们会说"日子越过越红火"，认为红色和好运有关；同时，红色还可能和警告、搏斗、血腥、惨烈有关，具有警告意味的交通标识大多是红色的。蓝色属于冷色，通常和寒冷、收缩、冷静的意义有关。

颜色带给我们的影响远超我们的想象，它甚至涉及我们的创造力和竞争力。

在对抗类体育比赛，比如拳击、搏斗、电子竞技中，比赛双方会穿不同颜色的比赛服，或者使用不同颜色标注不同的队伍，特别是在一对一对抗竞技中，双方比赛服的颜色大多为红色和蓝色。然而，有人指出，这种方法不科学，因为不同颜色的比赛服会对比赛结果产生影响。于是，学者调出四大对抗类体育比赛的历史成绩，并有了惊人的发现：穿红色比赛服一方的获胜次数显著多于穿蓝色比赛服一方的获胜次数。

为什么穿红色比赛服更容易取胜呢？可能的解释是：红色看起来膨大、强劲，红色比赛服会让人更亢奋、斗志昂扬，可以对对手起到警告、威慑的作用；相反，蓝色看起来收缩、抑郁，让人觉得好战胜，蓝色比赛服会让人更冷静、平和，这不利于在激烈的对抗类体育比赛中获胜。因此，学者的建议是：为了捍卫体育公平，应该在比赛中场的时候，让双方交换比赛服的颜色。

红色和蓝色的这种特殊延伸影响还体现在完成创造性任务的成绩上。有学者发现，当以红色作为计算机屏幕背景颜色时，人们完成创造性任务的成绩不是很理想；但是以蓝色作为计算机屏幕背景颜色时，人们完成创造性任务的成绩明显更好。相关的解释是：蓝色让人更平和，更充满遐想，更放松，更容易发挥创造力；而红色让人更拘谨，更谨小慎微，从而降低了创造性思维的活跃度。

我们在日常生活中就可以运用这个心理学研究成果，在不同的场合选择不同颜色的衣服。比如，参加体育比赛时穿红色衣服，考试时穿蓝色衣服。除了红色和蓝色，人们在生活中还对很多其他颜色赋予了特殊的内涵，其中有以下几种值得关注。

绿色通常代表好奇的、新鲜的、有活力的、清新的、有生命力的、富于变化的，所以，当我们想展现自己的活力时，可以穿绿色衣服。

橙黄色代表温暖的、亲近的、接纳的、爱惜的、通达的、体谅的、宽和的、仁慈的，当我们想展露体贴、知性的一面时，可以穿橙黄色衣服。

黑色往往被认为是深邃的、神秘的、稳重的、成熟的、高雅的、庄重的、有征服欲的，当我们想表现得神秘和成熟时，可以穿黑色衣服。

所以，当我们出席不同的场合，希望他人对我们留下特殊的印象，或希望以特殊的方式影响他人的感知时，我们就可以选择不同颜色的衣服，这样我们就能在无形中影响他人对我们的评价和反应。

生活因各种各样的颜色而绚丽，但我们也应谨防被颜色所迷惑。

温暖激发善念

帮助他人往往令人觉得温暖，那么，如何传递这种社会性的温暖呢？心理学家猜想，或许触摸一个比较暖和的物品能促使人把"温暖"传递出去，使人们更乐于助人。为了证明"温暖的物理刺激会激发更多的人性温暖"这一猜想，心理学家做了一个实验。

志愿者被随机分成两组，实验材料是一款新推出的治疗垫，通电加热后可用于热敷。研究人员让一组志愿者触摸冷治疗垫，另外一组触摸通电后的热治疗垫，随后让志愿者从颜色、质地、款式等方面评价这款治疗垫，并逐项打分。这个任务要求志愿者用手充分触摸治疗垫。任务结束后，研究人员为了答谢志愿者的参与，让他们从以下两个礼物中选择一个：一个是自己吃一顿美餐，一个是把一张免费的美餐券送给朋友。令人惊讶的结果出现了：触摸热治疗垫的志愿者更愿意选择把美餐券送给朋友。也就是说，触摸热的物品增加了他们的善意，使他们更愿意帮助他人。

仔细想想，这样的研究结果不难理解，因为在我们的语言里，早就有许多与温暖感知和人际关怀有关的说法，比如"温暖人心""热心肠"。这种语言上的比喻，正是"具身认知"这种心理现象的现实写照。

在生活中，同样可以让"热"与"冷"为我们所用。我们想获得别人的帮助时，给他送上一杯热饮料，能让他变得更仁慈，激发他的帮助意愿。在人际冲突中，当对方给自己造成了损失，或做了一些令人不愉快的事时，我们可以触摸冷的物品，让自己冷静、镇定。

一个实验证实了触冷镇定法的确有效果。仍选取两组志愿者，其中一组触摸热的治疗垫，另外一组触摸冷的治疗垫，触摸完之后，研究人员问他们："假如一位快递员把你的货物的外包装弄坏了，当然他是无意的，你会原谅他吗？如果这时候快递员想向你推销一项新服务，要占用你几分钟时间，你会愿意倾听吗？"实验结果表明，触摸了冷的治疗垫的志愿者更倾向于原谅，更乐于倾听快递员的推销。

所以，在与人闹矛盾时，喝一杯冷饮能让人更加心平气和，从而更容易言归于好。即便是在冬天，为了保证心平气和，也应该准备一种能够降火的饮品，比如凉茶或薄荷饮料等。

通过这两个实验我们发现，在积极的、人际关系友善的环境里，触摸热的东西，会进一步促进人际关系；在有矛盾、冲突的消极环境里，触摸冷的东西更能让人冷静下来，改善人际关系。

高低影响权力

我们经常把"高低""上下"这些词汇和权力、影响力、地位等联系在一起，比如"位高权重""高人一等""高高在上"。除了这些词语，在日常交流中，人们也经常会把"高"和聪明才智、本领联系在一起，比如"你真是高明啊""那真是个高才生""民间有高人"。

心理学家早就注意到了这种现象。从心理学角度来分析，这其实正是反映了人们在日常使用的朴素语言中存在的"具身认知"现象：把对"高低"这种物理现象的感知与社会地位、影响力和权力这些社会现象联结在一起。

这当然是一种不理性的感知。然而，它却深深根植于我们的头脑中。心理学家用科学实验证明了这一点。实验中，研究人员找来一些动物的图片，比如狮子、老虎、狗熊，它们都代表着强大、力量、不可征服。这些照片被随机地逐一呈现在计算机屏幕上，呈现的位置有两种：一种是在屏幕上方，另一种是在屏幕下方。每一张动物图片的呈现时间都非常短，要求参与者根据对图片的第一印象，对看到图片中的动物时内心产生的恐惧打分。换言之，就是评定动物图片的威慑力有多大。

结果出现了很奇妙的现象：当这些动物图片在计算机屏幕的上方呈现时，参与者评定的威慑力要显著高于动物图片在计算机屏幕下方呈现时的威慑力。动物图片本身是一样的，仅仅是因为呈现位置的高低不同，参与者对它的威慑力的估计就发生了变化，动物图片放在高处时，参与者感觉到的威慑力更强。

还有一个实验证实了这一具身认知现象的存在。用计算机屏幕呈现一张简单的组织结构图，比如企业组织架构图：一位经理在上面，下面并排有 5 名员工，经理和员工之间用几条直线连接。经理位于上面代表高高在上，员工位于下面代表身居下位。在这个实验中，志愿者会看到两种图片：一种是上面的经理和下面的员工之间的垂直连线很短，只有 2 厘米；另一种是垂直连线较长，有 7 厘米。结果同样有趣，评价经理的权力、地位、权威性时，看到垂直连线较长图片的志愿者给出了更高的评价。换言之，越是在视觉感受或者物理感受上"高高在上"的人，越容易被评价为具有更高的主导地位以及更大的权力和影响力。

这两个实验都说明了同一个规律：人们的心智存在着一种根深蒂固的连接，高的、在上方的人、物体或动物，会让人感觉有更大的影响力、威慑力或更高的地位。

这是否意味着不公平？确实。在西方国家，有统计数据表明，个头高的人收入相对比较高，在高职级的人群中所占的比例也比较大。统计数据还表明，在企业的首席执行官和高级经理中，个头高的人所占的比例要大于身材矮小的人。

还有更奇妙的事情：权力会影响人们对身高的感知。在西方国家的政治选举中，民众对竞选人的身高印象会随着选举结果的公布而发生变化。在选举结果公布前后，研究人员分别让民众对竞选人的身高进行判断，结果发现：人们对竞选成功者的身高评估显著高于其竞选前的身高评估；对竞选失败者的身高评估显著低于其竞选前的身高评估，即竞选成功者的形象一瞬间"高大"了起来，而竞选失败者因落选而显得"矮小"。这也是具身认知的表现。

针对这种现象，我们如何积极地加以利用呢？这里有两个小建议。

第一个建议：当我们需要让某件事的权威性或者说服力增强时，就把它放在高处。比如在做 PPT、海报、广告的时候，把最想要强调的要素、关键词或者图片放在最上方，使其凸显出来，这会增强它们的影响力，使其得到人们的重视。

在职场上，如果想增强自己的权威性和说服力，坐着的时候一定要坐直，并且把座椅调高；需要发言的时候，能站起来就尽量站起来；女性也可以通过穿高跟鞋来增强气场。拍摄短视频时，不要把镜头放在人的上方俯拍，而应该把镜头放在下方仰拍，这样观众的视角是仰视的，会使被拍摄者的形象更容易被接受，说出来的话更有影响力。现场演讲也相同，尽可能站在高处。研究分析表明，人们对于那些影响力大、权力大、地位高的人，会更多采取仰视的角度；人们仰视某个人时，就会对他更加信任。

第二个建议：当我们本身已经有了一定的威望，比如是公司的领导或管理层，但是想跟员工打成一片，与员工打开心扉沟通时，那么可以降低高度，比如坐着跟员工讲话，把座椅调低一些，身体弯曲一些，穿着随意一些，这样员工更能放下心中防备，坦诚地与我们沟通。

颜色感知会影响我们的表现，改变他人对我们的印象；温度感知会影响我们的善念，左右我们的情绪和耐心；高低感知会影响我们的权威，让我们在公信力和亲和力之间灵活转换。这些基础的心理过程虽然很简单，但能影响人类复杂的社会生活。因此，千万不要小瞧这些看似简单的心理过程，它可能会影响你的人生。谨记，细节决定成败！

第二章

注意力：大脑与信息的
博弈

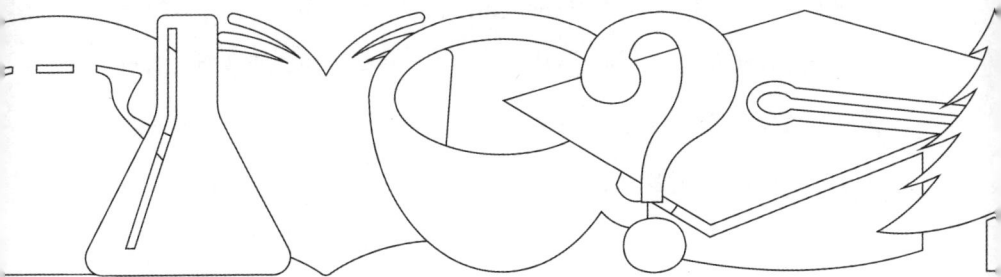

第一节 专注：大脑里的聚光灯

我曾在课堂上使用伦敦桥的照片作为案例讲解，让学生回答问题。那张照片中的桥是美国的伦敦桥，没错，是美国的，不是英国的。

美国的伦敦桥原先是泰晤士河上的一座石桥，它是一座古桥，距今已有近 1000 年的历史。关于它，有一段颇为传奇的故事。

"伦敦桥要倒啦，要倒啦，要倒啦……"就像那首著名童谣《伦敦桥要倒啦》中唱的那样，1904 年，伦敦桥因河床下沉，桥身太重，即将倒塌。1968 年，一位美国商人花重金把它从伦敦市政府手中买下来，搬到美国，并由此创造了一项吉尼斯世界纪录：历史上最大的古建筑"移民"。为什么要把这座古石桥搬到美国去呢？这是因为这位美国商人在一片废弃的军事基地开办了一座工厂，需要大量工人，商人打算建一座小镇，以吸引更多移民入住。可是这地方原来是一片荒漠，好在附近有一个因修水坝而形成的人工湖，叫哈瓦苏湖。商人在湖的一个半岛上开凿人工河，使其变成了一座岛，再搬来伦敦桥连通了岛和湖岸。荒漠摇身一变，成了文化地产，这座桥也成了当地一道靓丽的风景线。商人在湖边增设了划船、游艇、钓鱼场等各种娱乐设施，将这里变成了运动休闲的旅游胜地，引来不少人到这里生活。为了增加小镇的历史气息，商人还捐出 1 平方千米的土地，建了一个中世纪都

34

铎王朝风格的英伦小镇，为这片土地添上了"英伦"色彩。这之后，商人还配置了私人飞机，免费把客户从全球各地接到这里观赏风光、视察房地产项目，这可真是经典的"先尝后买"的体验式营销。围绕这座伦敦桥的一系列商业运作最终让商人大获成功，他这样的商业头脑也令人叹服。

那么问题来了，请问：这座桥有多少个桥洞呢？

课堂上，很少有学生能第一时间给出答案。

在我讲这个故事时，伦敦桥的照片就投在大屏幕上，可为什么大家都没有注意到伦敦桥到底有几个桥洞呢？因为大家并没有将注意力放在伦敦桥的外观细节上，都在全神贯注地听我讲故事。这就是注意力集中的特殊表现。

注意是一种心理状态，是指人全身心地关注某个特定对象，由此对特定对象形成心理活动或意识的高度指向性集中的过程。

我们每天都要面对很多东西，每一分钟都会受到持续不断的感官信息的影响：街上的汽车喇叭声、商场里五光十色的商品、花市里的各色鲜花、互联网上的海量信息……我们的感知觉都忙不过来了。怎样才能同时感知多种事物，看清我们想要看清的东西，听到我们需要听到的声音呢？这就不得不提到以下3种注意力运用策略。

聚光灯效应

当我们必须集中注意力去感知自己想要感知的东西时，大脑会打开"聚光灯"，把"几乎所有"能量都聚焦到一个点上，把我们想要注意的内容照得亮亮的，以便我们能清晰、准确地感知想要注意的内容，这就是"聚光灯效应"。若缺了这一盏聚光灯，可能什么事情都做不好。我们不妨做一个小游戏。

假设你是一名公交车司机，现在你出车了。

第一站，上来 11 人。

第二站，上来 5 人，下去 8 人。

第三站，上来 7 人，下去 4 人。

第四站，上来 12 人，下去 6 人。

第五站，上来 9 人，下去 12 人。

第六站，上来 3 人，下去 7 人。

第七站，上来 18 人，下去 5 人。

第八站，上来 13 人，下去 9 人。

现在，请问：司机叫什么名字？请立即回答。

是不是有点儿被绕晕了？

在我的各类课堂上，我做过大致的统计，一般来说，90% 以上的人都不能立刻回答出这个问题。因为大家都把注意力放在了计算乘客人数上，认为这才是游戏的关键所在，却忽略了我说的第一句话"假设你是一名公交车司机"。你的个人主观猜测和兴趣，引导了你的注意力。

如同前面讲伦敦桥的故事一样，我们并不是没有高度注意，只是将注意力聚焦到了自己感兴趣的或者自己认为重要的事情上，忽略了其他信息，而那些信息有时可能是更重要或更有用的。可见，我们犯迷糊不是因为缺乏注意力，需要集中注意力，而是需要调整自己的注意力运用策略，把注意力分配到应该注意的地方。

之所以会出现这种现象，正如前面提到的，现实中我们接触到的信息量是非常大的，我们不可能同时注意到所有的内容，所以，我们会有选择地注意我们认为重要或者感兴趣的事物。

注意力高度聚焦的好处是，我们能把注意到的内容弄得很清楚，缺点是其他信息会被我们忽略。生活中，因为注意力高度聚焦而对其他事物有所忽略的情况非常多。例如，"废寝忘食""茶饭不思"，说的都是注意力高度集中，把其他事都忘了。

大家可能都听过这样一个故事。1920 年，陈望道先生在翻译《共产党宣言》，有一天，他母亲包了几个粽子放到桌上让他吃，当时他太全神贯注了，以至于一边看文稿，一边拿起粽子蘸着墨汁吃，还说着："真理的味道真甜。"可见，他的注意力都聚焦在自己需要翻译的内容上了，其他的都没注意到。

这就是有关注意力的辩证法：注意力越集中，被注意的事情就越清晰，而不被注意的事情则可能被完全排除在视线外。这有时是好事，我们能将精力更聚焦在需要关注的事物上；有时又不是好事，我们可能错过没有注意到的东西。所以，注意力不仅仅涉及能否聚焦、聚焦度多高的问题，还包括应该聚焦于什么之上的问题。

鸡尾酒会效应

大脑里的"聚光灯"既能照亮一处，又制造很多"盲点"，让我们看不到很多东西。注意力的集中就好比我们给意识穿上了鞋，注意到的地方不过是鞋所踩到的地方。

那么，我们如何应对注意力的"局限性"呢？通常情况下，我们并不会把注意力完全聚焦在一件事情上，我们聚焦在某一件事情时，仍能对其他信息保持一定程度的警戒性，即我们会有意进行注意力的分配。

当我们走在闹市中，车水马龙，人头攒动，周遭的一切我们可能会视而不见。但这时候，有一个小摊主在叫卖，无论是我们特别熟悉还是特别陌生的货物，都可能会吸引我们的注意。当我们参加一个鸡尾酒会，现场有上百人，大家都在三五成群地交谈，时不时还有人大声喧哗或开怀大笑，但我们却能专注于和周围的几个人交流，这是因为注意力高度集中时，我们可以把环境里的噪声都屏蔽，我们不会觉得嘈杂的环境干扰了我们。不过，如果这时候突然有人在远处叫我们的名字，我们会立刻转过头去寻找到底是谁在叫自己。

这些都说明其实我们还是将注意力留出了一部分，用以保持对环境里其他信息的警觉，一旦出现对我们有特殊意义的信号，我们就会立刻转移注意力。

这种现象叫作注意力的"鸡尾酒会效应"，它指的是，人有分配注意力的能力，即使大部分注意力被投向最关注的内容，但还是有一小部分被用于对环境里的其他信息进行监控。从这个意义上讲，分心并不是一件坏事。

无意视盲现象

生活中，大家都遇到过这样的情况：你在路上走着，一个朋友向你迎面走来，你却完全没有注意到他，直到他走到你面前和你打了个招呼，你才"如梦初醒"。这种现象叫"无意视盲"。

哈佛大学的心理学家做了一个有趣的实验。研究人员拍了一段短视频，视频中一组穿白色球衣的运动员和一组穿黑色球衣的运动员在台上传球。实验要求志愿者留意并数出穿白色球衣的运动员一共传了多少次球。志愿者都把注意力投向穿白色球衣的运动员身上，以至于视频中有几秒钟出现了一个"黑猩猩"装扮的人都没有注意到。这是因为志愿者没有注意穿黑色球衣的运动员，所以当"黑猩猩"装扮的人出现时，他们根本没有察觉到。

"无意视盲"并不是真的"视盲",而是一种"注意错误";不是注意力不够集中,而是因为注意力太集中了,以至于没有注意到其他内容。这也意味着注意力的分配不够合理。比如,我们在高速路上开车,当车流量很大时,我们因高度紧张,专注于前后左右的车辆,导致对高速路上很显眼的路牌视而不见,错过了出口。再如,即便有救生员巡视,海滩上仍会发生溺亡事件,因为救生员更加注意在水面上挣扎呼救的人,而往往忽略被海浪拍击呛了水,直接淹溺在水里的人。

我们已经了解了我们的注意力会被什么左右,并且发现注意力既有聚光灯效应,还有鸡尾酒会效应和无意视盲现象。所以,在工作、学习中不用过分责备自己因为注意力不集中而表现得不尽如人意,我们只是需要调整自己的注意力分配策略,试着去注意那些应该被聚焦却被忽略的事物,同时也应充分理解分心对我们来说并不全是坏事,科学、理性地对待注意力问题。

第二节　注意力稀缺：如何吸引别人

在这个信息爆炸的互联网时代，最稀缺的东西可能就是人们的注意力。抓住了人们的注意力，就意味着掌握了财富密码。那么，我们如何通过抓住他人的注意力来提升自己的影响力呢？可以考虑从以下几点入手。

吸引注意力的美学策略

图 2-1 中画的是谁？

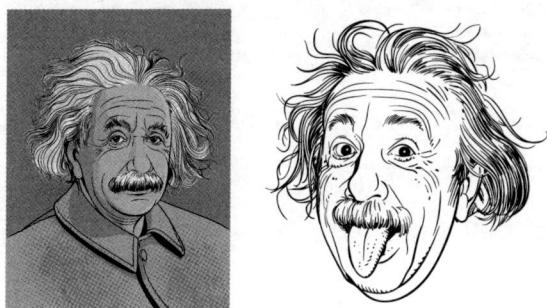

图 2-1　人物画像

爱因斯坦！

是的，虽然画风迥异，但我们仍能一眼认出它们画的都是爱因斯坦,他那一头蓬乱的头发太有辨识度了。爱因斯坦的发型吸引了人们的注意力。试想,如果爱因斯坦梳上体面、漂亮、光鲜的发型,那么,人们的注意力就会转向他的脸。好的发型师会遵循这样的心理学策略:发型并不一定要最漂亮,但要符合顾客的脸型、气质,这样才能避免脸部的不足成为他人注意的焦点。这就是注意力转移的美学策略。

我们如果有某方面的优势,自然希望它能吸引别人的注意,从而使他们把目光从我们的劣势上移开。化妆时,眼睛漂亮就着重画眼妆;嘴巴好看就着重画唇妆,展示出亮点。选衣服也一样,腰细,就扎上一条别致的腰带;脖颈线条优美,就配上引人注目的首饰或围巾;手指纤长,就戴上一枚别致的戒指……找出一个自己满意的地方,把它突显出来,可以吸引别人的注意力。如果我们觉得自己的外表实在平平无奇,那就设法转移别人的注意力,利用"无意视盲"来打造自己的视觉形象。比如,戴一对个性十足、造型夸张的大耳环,或者拿一只设计奇特的手袋。切记,不要反向操作,弄巧成拙。总之,注意力转移的美学策略是想尽办法让人注意到我们的优势,忽略我们的劣势。

还记得电影《巴黎圣母院》里的敲钟人卡西莫多吗?他很丑,但很善良。作者通过他极度丑陋的外表与他正直善良的内在之间的强烈对比,塑造了一个非常成功的文学形象。

美与丑是可以在对立中统一,从而吸引他人的注意力的,生活中这样的案例很多。比如,著名的西班牙建筑师安东尼·高迪就以形象怪诞的设计展现了注意力的美学原则。传统的建筑都线条平直端正,而高迪在进行建筑设计时则惯用不规则的线条、鲜艳的色彩、奇特的交叉和变形。在常人看来，他所设计的建筑几乎丑陋到不可接纳。但他的作品却因独特的设计风格成为建筑史上的美学瑰宝，那些不同寻常的、被人视为丑陋的形态，反而在周围众多循规蹈矩的建筑中美得出奇，夺人眼球。

再比如，在之前的动画片里，哪吒都被刻画成机灵可爱的形象，武功高，心肠好，样貌也好。然而，《哪吒之魔童降世》里的哪吒被刻画得怪模怪样，却赢得了观众的一片叫好。为什么会有这样的"审丑"现象呢？对于现在的一些人而言，"高大上""白富美"固然很好，却离现实生活太远，让人觉得太脱离现实。反而是有一些缺陷、有一些不足的哪吒更符合普通人的审美，让人觉得英雄也有缺点，那我也可以成为英雄。这就大大拉近了英雄和观众之间的心理距离。丑怪形象的哪吒反而吸引了观众的注意力，观众从他独特的性格联想到自身，从而觉得自己真实、平凡的梦想也能实现。

不怕丑，不怕有缺陷，只要活出自己的真实和自信，丑也可以成为美的索引。

吸引注意力的变化策略与奖惩策略

如何保持注意力、提高注意力？这是在日常生活的许多情景中人们都会关注和烦恼的问题。比如在学校，让教师最头疼的一件事恐怕就是如何在课堂上提高学生的注意力了。心理学研究发现，人的注意力资源是有限的。让学生把有限的注意力更多地分配给教学内容，并非易事。一方面，教学内容常常被"设计"得相对困难、单调和枯燥；另一方面，学生的注意力有限，尤其是少年儿童神经系统控制能力的发展还不完全，他们很难保持注意力的长时间高度集中，无法抑制住各种冲动。他们往往会把注意力分配给另外一些他们认为更有趣的事物，例如教室里与当前教学内容无关的动静或教室外的各种声音。这种现象就是所谓的"走神"。对此，有什么应对办法吗？

心理学家发现，通过不断的、及时的变化来吸引注意力，并对由此产生的专注表现给予及时的奖赏（反之则惩罚），可以有效提高人的注意力，使人维持较高的注意力水平。

耶鲁大学的心理学家曾做过一项研究，用功能性核磁共振成像（fMRI）技术检测大脑在感知图片时的血氧变化，从而监控注意力水平的变化。研究中，参与者要识别屏幕画面中的人是处在室内还是室外。心理学家采用实时变化的设计：当参与者的注意力水平降低时，会对其实施惩罚，提高画面感知任务的难度；而如果参与者的注意力水平升高，则会对其给予奖励，降低画面感知任务的难度。结果表明，这种实时变化的设计和奖惩的机制能有效地提升和维持人的注意力水平。

根据这一原理，防止学生走神、吸引学生注意力的方法，就是使教学活动富有变化和提供奖惩。比如频繁更换板书；板书图文并茂，通过变化多样的图形、颜色来吸引学生的注意力。又比如，PPT要有美感，有动感，色彩丰富。这些变化本身就能吸引学生的注意力，也是一种愉悦的视觉奖赏。还有，如果在一页板书或PPT上停留太久，无法提供新鲜的、及时的、有变化的内容，学生就会感到无聊、乏味，从而走神。

同时，教师还可以利用各种面部表情、手势等传达教学内容。此外，教师说话的声音也应该富有变化，比如时而铿锵有力，时而低沉委婉，要抑扬顿挫，绘声绘色。这种声音上的变化也会大大吸引学生的注意。这也是优秀的朗诵艺术家很善于吸引听众的原因之一。从某种意义上来说，教师就像一个演员。

另外一种吸引学生注意力的变化策略，是教师由说话者变成听众，比如通过提问，由教师说转为由学生来说。这个转换会大大吸引学生的注意力，因为学生必须积极思考教师提出的问题，以防答不上来。面对教师不断变化的提问，学生需要不断地回答，跟上教师的思路，这时教师对学生的积极参与给予肯定、表扬、鼓励，学生的兴趣、注意力就会更高。

教师还可以通过走动式教学来提高学生的注意力，也就是说，教师不要总站在讲台的一个固定位置上，而要不断地在讲台上走动，甚至走到讲台下，在学生中间走动。教师改变与学生的空间距离和角度，就会更加吸引学生的注意力，使学生大脑神经的相关系统保持高水平激活的状态，从而将注意力聚焦在教师身上，更不容易走神。

有人说讲课是一门艺术，课讲得好的教师有独到的教学艺术。其实，这背后的底层逻辑是科学，是心理学的基础知识。

第三节　提升注意力的 10 个方法

在生活、工作中，人们总是会有注意力不够集中、时常分心、做事效率低下的时候。比如，学习中，上课很难集中注意力；工作中，看材料总是走神；听报告时，听一会儿就开始想别的事情；甚至有人看电影时也会想入非非。这些都是注意力不够集中、时常分心的现象。

那么，怎样才能更好地提升注意力，减少分心呢？为了解决这个问题，心理学家做了不少研究，其中有 10 个很实用的方法。

冥想

走神、注意力不够集中的一个重要表现是定力不足，无法把注意力长时间地放在一个特定的内容上。冥想有助于我们保持长时间的专注。冥想是对精神、意识进行调节，让意识进入一种"无我"的状态。冥想不是什么都不想，而是停下来观察自己，摆脱各种干扰，安静地进入专注的状态。被大众广泛接受的"5 步冥想法"做起来并不难。

第一步，静坐。

找一个安静的环境，很舒适地坐下来，不要让自己有一丝不适，因为任何不舒适感都会让我们无法静下心来。放松，不要让身体僵硬，上半身尽可能挺直，减少不必要的紧张，颈部、肩部、双臂、双腿尽可能地放松。

第二步，清空大脑。

在冥想之前，先给大脑来个"大扫除"，清空大脑，排除杂念，就当大脑里什么都没有。这是一个热身的过程，清空内心世界里的所有杂念，让自己专注起来。

第三步，观察呼吸。

如平时一样呼吸。不需要刻意改变呼吸节奏，只需要仔细观察自己的呼吸：气是如何从鼻子、嘴吸入，在体内经过了什么样的路径，最后又是怎样被呼出去的。注意观察气被呼出去的时候自己有什么感觉，哪些身体部位有感觉。这时候我们要想、要做的只是观察自己的呼吸。要求自己什么都不想时，这个想法本身就会占据我们的大脑，令人烦躁，可当我们观察自己的呼吸，把注意力放到呼吸上时，在大脑"聚光灯"的作用下，会把其他念头屏蔽。

第四步，数数。

随同呼吸的频率，每呼吸一回，数一次数，从 1 到 10，然后再从 1 到 10，如此反复。数数也是一项能令人专注的任务：当我们专心数数的时候，其他信息就会被屏蔽在外，无法干扰我们。不要觉得这项任务很无聊，要知道，呼吸是我们和大自然相互连接的最重要的途径之一，用如今时髦的话说，呼吸是我们和环境进行"人机交互"的重要的介质或载体。

第五步，体会各种感觉。

除了呼吸，还要体会自己的各种感觉，比如：自己是否真的坐得舒适？是否有哪里发麻？有哪里觉得别扭？我们要仔细体会这些感觉，体会得越深入、越透彻，我们就会越专注，对干扰的屏蔽能力就越强。在体会的过程中，我们有可能会体会到一些负面的、消极的情绪，比如厌烦、疲倦，甚至怀疑自己能否坚持下去。这时，可以试着和自己的感觉对话，坦然地接受这些感觉，不要把它们当成自己的敌人，客观地对待它们。这时我们的情绪反倒会平和下来，学会和自己的负面情绪做朋友，学会和自己的不愉快、不舒适共处。当我们能和各种各样的感觉和平相处时，我们就会变得平静，成为自己真正的主人。我们会慢慢地沉浸在这个过程里，享受这个过程。这个过程也会成为我们提升注意力的重要手段。

坚持冥想，哪怕每次只有 10 ～ 15 分钟，我们也能很快就看到效果。无论是在家里还是在办公室里，甚至是在飞机上、地铁里，都可以冥想。必要的时候戴上耳机、耳塞，屏蔽外界过强的干扰。美国加利福尼亚大学的研究表明，冥想能提高留学研究生入学考试（GRE）阅读理解成绩和记忆力，缓解 GRE 和记忆测验过程中学生注意力分散的问题。

听音乐

听音乐能帮助我们保持专注。

斯坦福大学的一项研究表明，音乐能让大脑中与注意力、决策等相关的区域更加活跃。更有趣的是，研究发现，音乐和音乐之间的短暂静默，是大脑活动最活跃的时刻之一。所以，我们听完一段音乐之后可以先暂停一会儿，享受片刻的静默再放下一段音乐，让自己的大脑不断地得到有效激活，提升注意力。

多听听音乐吧，不管你懂不懂它，它都能帮到你。

喝茶

喝茶能够提神醒脑。因为茶里有两种成分，一种是咖啡因，另一种是茶氨酸。咖啡因是一种碱性物质，最早在咖啡里发现，由此得名。咖啡因能让大脑神经系统保持兴奋。茶氨酸是一种特殊的氨基酸，人们只在茶中发现了这种成分。这种氨基酸被证明有利于提升注意力，能对大脑中控制注意力的特殊神经组织起到"滋养"作用。

科学家曾进行过一项对比实验，将志愿者随机分成两组，一组喝红茶，另一组喝安慰剂饮料。这种安慰剂饮料的颜色、味道和红茶一样，只是不含茶氨酸。结果表明，在随后的注意力测试中，喝红茶的志愿者有更好的成绩，注意力更集中，听觉注意力和视觉注意力也更持久。

在开始工作之前泡一杯茶吧，它能显著提升你的注意力。

锻炼

锻炼不仅能增强身体素质，还能提升注意力。

伊利诺伊大学的一项研究表明，体育课、课间休息和课后锻炼，对学生的学习均有益处。学者找来一些学生，对他们进行测试。结果表明，和休息 20 分钟相比，在跑步机上慢走 20 分钟的学生，在随后的注意力集中程度测试中表现得更好。脑电波的分析结果也显示，锻炼能使人的大脑更好地分配注意力资源，更好地集中注意力，并有选择地关注正确的信息，采取有效行动。研究还发现，对于有注意力缺失问题的学生，每天让他们适度锻炼 20 分钟，就能有效改善注意力，提高学习成绩。

类似地，如果你从事的是脑力工作，平时工作强度很大，那么建议每工作一段时间，比如一两个小时，就起身活动一下，最好做点有氧运动，或者简单地走动一下，仅仅锻炼 10 分钟，也能让紧绷的大脑放松，提升注意力，提高随后的工作效率。

为什么锻炼有这样的效果呢？想让注意力保持高度集中，就需要灵活调适大脑神经，包括协调神经系统的兴奋状态和抑制状态。这就好比一辆汽车，有油门和刹车，司机要协调操作，必要时还要检修、保养。如果说专注是油门的话，那锻炼就是刹车，它对大脑神经的协调、平衡和维护是非常有帮助的。

锻炼就是给自己的大脑重新拧上注意力的发条。

手写笔记

普林斯顿大学和加利福尼亚大学的研究人员发现，当学生用手写的方式做笔记时，他们听得更认真，并能够识别重要的概念。相反，用电子方式做笔记时，他们很容易分散注意力，因为可能会在做笔记的过程中不时地查看电子邮件或社交媒体信息；此外，还会无意识地抄录而不是深度思考和加工。

有学者认为，可能是因为相比用电子设备做笔记的人，手写笔记的人能调用更多的认知资源，从而主动筛选出更重要的信息。换句话说，用手在本子上写的时候，我们会更深入地思考如何记、如何更好地记、如何更有策略地记。相比之下，在电子设备上记笔记，我们可能只是被动打字而已，对注意力的依赖程度降低。发表在英文期刊《心理科学》(*Psychological Science*) 上的一篇研究报告显示，当要复述我们刚刚记下的内容时，用笔记比用键盘记表现得更好。

用手写代替打字吧，这会让你更容易记住重要信息和知识点。

嚼口香糖

嚼口香糖可以增强警觉性，提升注意力。

首先，咀嚼本身能令人兴奋，它告诉我们的大脑，营养物质正在进入身体，从而减轻饥饿感，避免分心。其次，咀嚼有利于提升注意力。卡迪夫大学的一项研究表明，嚼口香糖能提高人们的警觉度，并使人们表现出更愉悦的情绪，帮助人们在随后需要大量注意力的特定信息搜索任务中表现得更好。研究还表明，嚼口香糖能扩大注意力的范围，加快反应速度。

不过，嚼口香糖只在各项学习或工作任务之间才有效，在任务过程中嚼口香糖是无用的。所以，抽空嚼个口香糖吧。

多喝水

多项研究一致表明，脱水 2% 就会降低注意力，损害意识活动和短时记忆，影响人们在任务中的表现，造成不好的心理感受。所以，在投入大量注意力之前喝足够的水，提前上卫生间，可以避免因身体状态不佳而分心。

多提问

有数据表明，美国近一半的员工认为，过多的会议是对他们工作时间的最大浪费，员工常常在这样的场景中感到无聊、厌烦，甚至焦躁，没法提升注意力。

对于会议的发起者和参与者而言，主动提问是提升注意力的好方法。主动提问意味着我们得先倾听，了解相关的信息，找出各种我们不了解、有疑问的地方。提问过程本身也需要我们有逻辑地组织语言，非常专注地去阐述问题，然后非常专注地期待别人的回答，耐心地听完后，还要确认自己是否真的理解了对方说的话，心中的疑惑是否得到了解答。这个过程会大大提高我们大脑的兴奋度，提升注意力。

睡眠

正如意识是大脑的一种活动状态一样，睡眠也是大脑的一种活动状态，只不过这时大脑进入了特殊活动模式，没有清晰的意识。如果我们还能觉察到自己的睡眠，那真的是在做梦。觉醒和睡眠就像白天和黑夜，交替轮换。在睡眠中，大脑不是无所作为，而是在进行自我保养，如停止一些不必要的运行，清理内存，铲除垃圾，整理前一天获取的信息，为随后的觉醒做好准备。好的睡眠是注意力的基础。如果我们不能很好地规划作息，安排好睡眠，就会给注意力带来很大的伤害。

人类根据昼夜变化的自然规律建立起自己的生物钟，有自己独特的生理周期。人类每天必须有一段时间要进入睡眠状态，一旦这种状态被破坏，我们在其他时段的心理状态也会受到损害。所以要遵守客观规律，省什么，也不要省睡眠！

保证睡眠，就是保证注意力。

宣泄

为什么有些人在结束了一天的工作之后，想去 KTV 放声高歌才觉得舒适、痛快？为什么满怀的郁闷、一腔的怨气，不宣泄出去就非常难受，根本无法集中注意力，什么都干不了？

这种现象是由人体内的激素分泌造成的。所以，适当宣泄，把造成躯体紧张的激素释放掉，不失为一种恢复身心宁静、提升注意力的方法。研究表明，如果不把积聚的负面情绪释放掉，就会影响到随后的认知作业，智力活动的效果也会受到严重影响。这种现象即使在一岁半的幼儿身上也能观测到。

最后，我们还要补充一句，走神也是人类意识活动的一部分，它能让人放松，甚至变得更快乐。

哈佛大学的心理学家做过一项大型的调查，涉及 25 万多人，调查内容包括生活习惯、生活的感受、想法和行为。调查结果表明，在清醒的状态下，在几乎一半的时间里，人们是在思考与工作无关的事情——"走神"，包括琢磨与当下工作无关的事情，想过去的事情，想未来的事情，甚至想一些永远都不会发生的事情。从某种意义上来说，它似乎成了大脑默认的一种操作模式。

走神，不是不专注，而是"逃避现实"，专注于一些自己感兴趣的事。我们可以把走神理解成注意力的"频道切换"。至今，心理学家仍然在探索走神的特殊意义。可以肯定的是，我们恐怕无法完全避免走神，但可以了解走神的原因，降低走神的可能性，提高生活的效率、质量并增加生活的快乐。

我们了解了许多提升注意力的方法，也知道了走神虽然会影响注意力，但能让人感到放松和快乐。现在你是否迫不及待地想尝试一下呢？

第三章

记忆：心灵的仓库

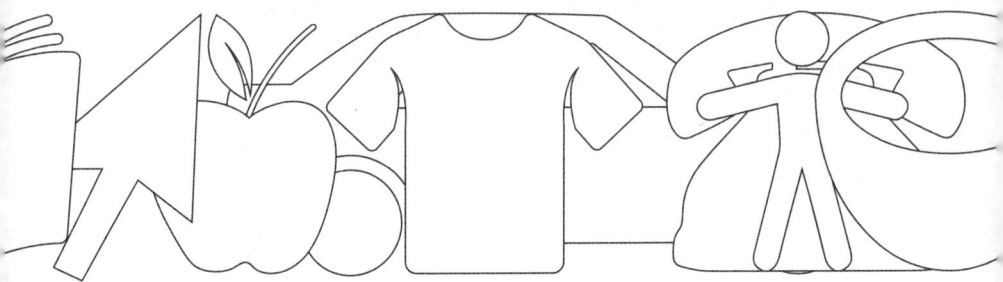

第一节 记忆：被储存的过往经验

记忆就是我们大脑里储存的各种经验，这些经验包括通过各类感觉通道输入的各种信息，以及我们对这些信息进行加工后产生的分析结果。曾经看到了些什么，我们储存的就是视觉经验；曾经听到了些什么，我们储存的就是听觉经验；曾经闻到了些什么，那么我们储存的就是嗅觉经验。我们对这些信息进行加工后产生的分析结果也会被储存在记忆里，比如，飞机比汽车快，A 比 B 更才华出众……

我们需要记住过往的经验，以便利用这些经验更好地生存。当然，我们也无法排除一种情况，就是有些记住的东西一辈子都用不上。我们是不是学过一些东西，后面再也没有派上过用场？现实就是这样"残酷"：不记不行，记了也不一定行！我们无法事先确定哪些经验今后一定用得上。所以，最保险的方法就是先把它们都记住，万一以后有用呢！至于记了一些后来没有用上的东西，也没有关系，至少我们没有什么损失。

这就是记忆的第一个基本原则：多多益善！经历过的、记住的越多越好。

此外，我们不仅要设法记住已经经历过的，还要设法多去经历，以积累更多有用的经验，这可以使我们在以后的生存中更好地利用经验，更好地生活。

这就是记忆的第二个基本原则：博闻强记。去获得更多的经验，并把它们记住。

我们都希望自己能有过目不忘的好记性，可事实上我们对有些事记得牢、记得久，对有些事就怎么也记不住。为什么会这样？回答这个问题，需要从记忆的特征、分类、功能说起。

按照时间长短、功效、作用，记忆可以有多种类别，最常见、最常用的3种记忆是：感觉记忆、工作记忆和长时记忆。

感觉记忆：经验的"扫描仪"

想象一下，我们来到一个旅游胜地，用双眼四处搜索，以保证对每个地方都有点印象。不过，由于我们对每个地方看的时间都不长，印象不一定深刻，很多细节看得不仔细，也就不太记得住。尤其是那些我们不喜欢的地方，我们会自动忽略，更不会记住它们。但即使是我们喜欢的地方，我们曾经记住过，但过一会儿可能也就记不住了。

这是因为输入的大量感觉信息会被不断"擦除"，所以我们不会有太深的印象。我们可以把我们的眼睛视作一台"扫描仪"，它能为我们捕捉最原始的视觉记忆。除了眼睛，其他感官也有扫描仪的功能——记住某一瞬间捕捉到的特殊的感觉。

这就叫"感觉记忆"，也就是人们接触到并能在感觉通道上保持一段时间的感觉信息。通常情况下，如果我们立即回忆，基本上都能够想起刚刚记住的感觉信息，无论它是视觉的、听觉的、味觉的，还是嗅觉的。

比如，我们刚听到别人提起一个外国人名——拉斯柯尔尼科夫，能马上转述给第三人，这就是听觉的感觉记忆。再比如，我们刚吃了一口没吃过的点心，可以马上回忆起它大概是什么味道的，尤其是现在很多品牌都会独创一些平时我们尝不到、需要进行一些联想才吃得出味道的点心：柚子樱花味马卡龙、玫瑰芝士味蛋糕……刚吃完我们还能够描述出它是什么味道的，但隔了一阵子，还说得出来吗？

简单地说，感觉记忆的作用就是快速对体验到的感觉信息进行扫描。一般来说，感觉记忆保存的时间很短，因为感官要腾出容量去扫描新的感觉信息。比如，你现在还能说出刚刚那个外国人名吗？大部分人应该已经忘了。之所以会这样，是因为看完名字之后，我们的眼睛又扫描了接下来出现的"柚子樱花味马卡龙""玫瑰芝士味蛋糕"……所以很快，我们就把那个名字忘了。

通常，感觉记忆是我们最容易遗忘的记忆，我们平时说的"记性不好""记不住事儿"针对的都是感觉记忆。

那么，怎样才能让感觉记忆保存得更久呢？方法是，对于重要的信息，我们在扫描时多定格，"刻意"关注细节，把信息放在大脑的"聚光灯"下——集中注意力仔细观察，将其加工成工作记忆、长时记忆。

工作记忆：大脑的缓存

在加工感觉信息时，需要用到储存在大脑里的经验信息，这两种信息交汇后产生的保持在大脑里的记忆，就叫工作记忆。比如之前提到的"模式识别"，闻到花香就确定它是玫瑰花，是因为我们大脑里储存了关于玫瑰花的经验——当下的感觉记忆调用大脑中的"内存"信息，形成了"工作记忆"。

这里要强调的是感觉记忆和工作记忆的区别。感觉记忆只有感觉信息的输入，而工作记忆还包括从已有的经验中调取的信息。

比如，大家都会加减乘除四则运算，在不用计算器的前提下就能心算出 93×24 的结果。我想，除非是心算能力特别强，或者有一套独特计算方法的人，不然绝大多数人都是先用 100×24，得到 2 400；再计算 7×24，得到的个位数是 8，要向十位数进 2，然后把 8 和 2 都默默记住，进而得出计算结果是 168；接着再从刚才的 2 400 里减掉 168，最终得到结果——2 232。中间的计算结果 2 400 和 168，以及最后得出的 2 232，都是工作记忆的内容，我们通过从已有的经验中调取信息来得到这些计算结果。

一般来说，工作记忆保存的时间也不长，主要是供我们处理当下的事务。但由于工作记忆会从我们已有的经验中调取信息，因此相比感觉记忆，它通常能保存更长的时间，甚至能还原一部分我们已经遗忘的信息。

举个简单的例子，回到我们之前提到的外国人名——拉斯柯尔尼科夫上面，如果我们在网上搜索这个名字，会发现他是世界名著《罪与罚》的主角，《罪与罚》的作者是陀思妥耶夫斯基。我们对《罪与罚》这个书名、陀思妥耶夫斯基这个人名有所耳闻，而这次搜索就让我们把对人名"拉斯柯尔尼科夫"的感觉记忆变成了工作记忆，它调用了我们大脑中对书名和作者名的信息。虽然一段时间后我们可能又忘了这个人名，但我们仍记得他是《罪与罚》的主角，是个俄国人。若在网上输入这些仍记得的关键词，我们很快就能知道他是拉斯柯尔尼科夫。

所以，想要拥有更好的记忆力，第一步就是强化感觉记忆，把感觉记忆转化成工作记忆，并将这段记忆跟大脑中已有的经验关联起来，使它更容易被调取、被还原、被牢记。

生活中到处都需要工作记忆。比如，上级口述了一个通知，让我们当即写成邮件群发。这些信息我们都记在了大脑里，如主题是正在推进的哪个项目、需要传达给哪些同事、具体要求是什么……而项目名称、同事的名字、要求的细节，都跟我们大脑中已有的信息有关，借助这些信息，我们把上级的口述通知保存在工作记忆里，赶紧打开计算机写下来，修改润色一下，发出邮件就搞定了。

学习也是一样，老师讲课时通常会一停三顿，在重要的信息处停留一会儿，重要的事情说 3 遍——老师知道我们写不了那么快，刻意停下来让我们写下来。老师说的内容，我们先保存在大脑的工作记忆中，就好比计算机的缓存，然后迅速写下来，之后再去记新的内容。

下棋的时候也是这样，我们可能先想到 3 种招法，而对每种招法，我们估计对方也有 3 种应对招法，而对对方的每一种应对招法，我们可能又有 3 种回应的招法，这样一来已经有 3×3×3=27 种招法了；如此算下去，信息量越来越大，记不住也就想不出来对策。这时候我们会发现，谁的工作记忆容量大，能多算出几步，多记住几步，谁就有可能胜出。这就叫"胜算"。

既然工作记忆那么有用，那我们每个人工作记忆的容量大概是多少呢？我们不妨来检测一下。请记住下方这串数字并迅速复述，不要看书，不要借助任何工具，看看自己能记住多少。

5 2 6 9 3 8 4 7 1

你能复述出这串数字吗？一共有 9 个数字，顺序正确，一个数字也没记错，说明你的工作记忆的容量还是比较大的。再看下一串数字。

2 9 7 4 8 1 5 3 6 4 9 7 4 6

共有 14 个数字，有些难度，很难毫无遗漏地复述，因为它超出了一般人的工作记忆容量。

一般人的工作记忆的容量到底是多大呢？心理学上有一个大致统计结果——"神奇的 7"。一般来说，工作记忆的容量在 7±2 这个范围内。比如，听到或看到一串数字，如果数字有 5 ~ 9 个，就比较容易被大多数人保存在工作记忆里，但超过这个范围就比较困难了。现实中，这个"7"可以是 7 个数字，可以是 7 个单词，也可以是 7 句话。

增强工作记忆能力最常用的办法之一就是练习。比如，针对四则运算，平时可以做大量口算、心算练习，增强工作记忆能力。再比如，养成下棋的习惯，工作记忆能力就会大大增强，随着练习增多，计算的步数会明显增多，甚至下完棋后能够完整复盘每一步。

长时记忆：人类经验的硬盘

工作记忆里的信息内容如果经常被使用，或是经过刻意重复，就可能被长期保存下来，这样就形成了长时记忆。比如，一个重要的公式或者一个重要的电话号码，我们经常使用就能把它牢牢地记住，可以随时从大脑里提取。

还是拿"拉斯柯尔尼科夫"举例，我们把《罪与罚》从头到尾读一遍，就有超过一半的可能性把这个拗口的名字留在长时记忆里，并且在此后的很长一段时间内都不会忘记。如果我们大声朗读拉斯柯尔尼科夫的经典片段，甚至背诵下来，那么十有八九我们再也不会忘记他的名字。

我们读过的书，背过的文章、单词，见过的重要场景、人物，会被存储在长时记忆里。长时记忆就好比人类经验的硬盘，是一个巨大的信息库。

长时记忆的容量，理论上说是无限的。它储存的内容有两大类：一类是过程性知识，另一类是陈述性知识。

过程性知识是指动作的步骤或事情的经过，例如，开车、游泳、做木工活，它们主要是以动作方式存储的经验，也就是我们常说的技能。这类知识的记忆特点是当时不容易学会，一旦学会就不容易忘。比如，学会骑自行车后我们就不容易忘记如何骑自行车。此外，这类知识很难言表，最好是直接用动作示范。比如，我们很难向别人口述骑自行车的方法。

　　陈述性知识是指以符号、命题等作为表达形式的、对事物细节的描述。数理化文史哲的知识都属于这类知识。这类知识的记忆与过程性知识相反，当时学习起来觉得容易，但很难记住，就算记住了也很容易忘，但这类知识很容易用语言表达出来。

　　了解了不同知识类型的不同特点，我们就能采取不同的记忆策略。记忆过程性知识，靠的是多练习，熟能生巧，比如，练习钢琴3 000个小时就能弹得不错了。记忆陈述性知识靠的是多看、多背。看一遍，就是存储一回；背一遍，就是提取一回。这样反复存、反复取，记忆就会越来越牢固。注意：既看又背，才算完成一次存取；只看不背，效果不好。

　　就像"拉斯柯尔尼科夫"，随着我们沉浸到《罪与罚》的故事中，这个名字不断出现在我们的眼前，我们一遍一遍地看到它，它就在我们的大脑里一遍一遍地存储；当我们合上书去睡觉，大脑里仍会浮现书中的情节和人物，"拉斯柯尔尼科夫"被一遍一遍地提取，最终我们就很难再忘记。

第二节 遗忘：没存上、找不到的信息

"记不住""想不起来""忘了"，我们经常用这样的话来说明自己记忆力不佳。这3句话分别道出了遗忘的3种状态。我们可以把记忆比喻成一个经验的"宝库"，"记不住"是指根本就没有存入这个"宝库"；"想不起来"指经验确实被存入了"宝库"，只不过找不到了，想不起来放在哪儿了；"忘了"则有两种可能，一是忘了到底有没有存入这个"宝库"，二是忘了放在"宝库"的什么地方，找不到了。

之前讲过记忆的过程：有效地记住，即把信息放进"宝库"里。根据信息加工理论，这个过程叫作"信息存储"；信息存储之后，在需要信息的时候，想起来把它放在了"宝库"的什么地方，并找到它，这个过程叫"信息提取"。把两者密切联系在一起的关键是"编码"。存储时，编码的方法越好、越科学，信息就存储得越牢，提取也就越快、越容易。如果存储时编码不可靠、方法不好，要么存不上，要么找不到，信息就无法使用，就是我们通常说的"忘了"。

可以把编码比喻为图书馆的图书管理方法。图书馆里有上千万册图书，如果这些图书没有被很好地编码，那么我们就无法有效、快速地找到我们需要的图书。这时，图书馆里的图书就跟一堆废纸没什么区别。想想看，如果我们每次都要从头到尾、一本一本地去找我们需

要的图书，即使核对一本只需花 1 秒钟，那么 1 000 万本也要花 1 000 万秒，一天有 86 400 秒，那么核对 1 000 万本图书要不吃不喝不停地找 100 多天！

所以，记忆术就是图书馆的图书管理方法。"忘了"不是信息"丢了"，而是编码不当，没存储好。只有把重要的信息用心"编码"，才能记牢。

艾宾浩斯遗忘曲线

在说自己"记不住"之前，先要弄清楚怎样才能"记住"。记忆是人大脑的一种神经活动。我们每接触一个新的信息或拥有一个新的经历，都会激活大脑特定的神经元，从而产生神经活动。这些神经活动会产生相应的"痕迹"，采取某种方式编码，把信息留在我们的大脑里，形成记忆。

问题是，这种神经活动的激活过程有时候留下的痕迹"太浅"，需要我们反复激活才能形成明显的痕迹，而且得及时激活，否则痕迹很快就消失了。这就是艾宾浩斯遗忘曲线所揭示的规律。艾宾浩斯是心理学先驱之一，他最先发现了遗忘的规律，提出了著名的遗忘曲线。在当时人们质朴的认知里，记忆是印象不断加深的过程，只要不断反复学习，总能记住。第一次学习的效果很不牢靠，大概没多久就会忘掉几乎 3/4 的内容。但如果能及时进行第二次学习，那么连续两次留下的痕迹就相当牢靠。然后学习第三次、第四次，学习的次数越多，记忆里保存的内容就越多，遗忘的就越少。

在下图中，随着时间的流逝，人们遗忘的内容的比率是由大变小的，也就是说，遗忘的速度是不均匀的，开头快，后面慢。对有些枯燥的内容，学后不到半小时就可能忘掉 50% 以上。所以，我们常会发现，学完有难度的知识后，觉得大功告成便休息了，可到第二天却发现只记住了一半。

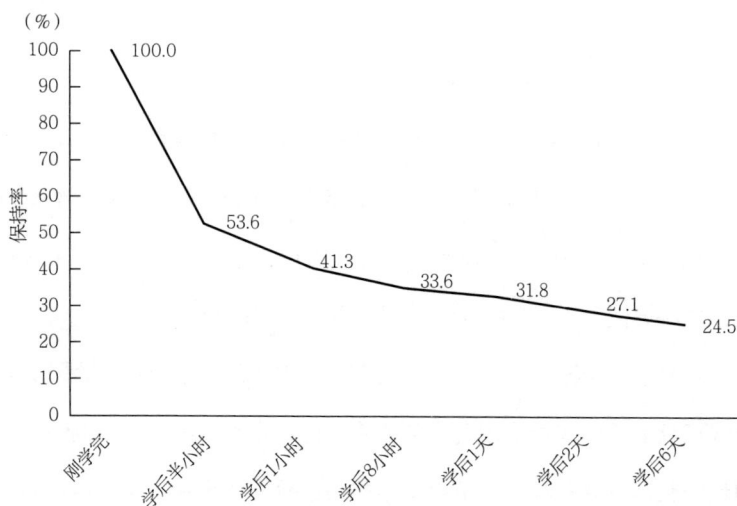

图 3-1　无意义音节遗忘曲线

那么，如何利用这一规律呢？

艾宾浩斯发现，"及时复习"是应对遗忘的非常有效的策略。这里的"及时复习"是指在学完知识后的半小时到3小时内就复习。比如背诵一首诗，第一次花10分钟背下来，但不及时复习，等到第二天背出来的就是"残缺不全"的。怎么做更好呢？第一次完整背诵后，不超过3小时再复习一次，到了第二天，我们会发现自己记住了相当大一部分内容。所以，学校要求课后复习和布置家庭作业是符合遗忘规律的。

对于提升记忆力而言，及时复习，事半功倍。

首因效应和近因效应

人们通常讲的记忆效果，多数是指长时记忆的效果，也就是永久保存所记忆的信息的效果。长时记忆有一个显著特点：最早学习、接触的东西，印象深刻，记忆效果好。这也叫记忆的首因效应。

首因效应会对随后学习的信息产生负面作用，抑制对后面学习内容的记忆能力，这叫记忆的"前摄抑制"，即前面学到了一些内容，后面再学新的内容，记忆效果就会变差。这有点像坐公交车，前面有一群人填满了车厢，后面的人就不容易挤上去。

长时记忆的另一个特点叫近因效应，是指最近学习的信息知识，记忆效果比较好。这也造成了一种现象，即新记住的内容把之前记住的内容"挤出去"，这叫记忆的"倒摄抑制"。

二者综合来说就是：一段较长时间的学习、工作，我们对一头、一尾的内容的记忆效果比较好。背过英语词汇手册的人对此深有体会，英语词汇手册上的第一个单词一般是 abandon，最后一个单词一般是 zoo，毕业后很多单词都忘掉了，但一头一尾两个单词依旧烂熟于心。

　　怎么应对前摄抑制和倒摄抑制呢？拿开会举例，我们对开头和结尾讲了什么可能还能有印象，对中间讲了什么就很难有印象。一个简单的策略就是会议时间不要太长，适当地分成几段，在中间留出休息时间，这样每一段都会产生首因效应和近因效应，与会者就能记住更多的内容。

　　总之，长时记忆不容易形成，要学会"智取"。

　　当然，也会有实在记不起来、提取不出信息的情况，导致这种情况发生的一大原因就是脑神经组织受到了损伤。研究表明，大脑里有不同的神经组织负责保存各类记忆。比如，有些脑神经组织受到损伤，人会丧失以前的记忆，回忆不起以往的经历，这种记忆损伤叫作逆向遗忘。而另外一些脑组织如果受到损伤，人会无法学习新的经验，无法记住新学的东西，但是对旧的经验还能够提取，这种记忆损伤叫作顺行遗忘。出现这些现象往往和某些疾病、某些脑外伤或某些神经组织的特殊功能衰退有关。比如，罹患阿尔茨海默病的人的脑神经组织发生病变，导致其无法回忆起以前的事情，连自己的家门、亲人都会认不出来。所以保护好自己的大脑，也就是保护好自己的记忆。

第三节　5种高效记忆法

毫无疑问，大家都希望自己有个好记性。要提高记忆力，需要采用一些策略，比如人们常说的"记忆术"。结合工作与学习的实际场景，心理学家总结出了一些简便易行的记忆法，下面是5种常见的高效记忆法。

复习法：掌握特殊的时间节奏

根据艾宾浩斯遗忘曲线，什么时候遗忘的速度最快，就在那个时候复习。错过这个关键时期，学的东西就会被大量遗忘。那么，这大概是一个什么样的复习节奏呢？

对于文字类材料，基本上遵循相似的复习规律。

假设我们要记60个英文单词，那么在当天要学3遍，在随后的第一、第三、第五天都复习1遍。在学习的当天，把单词分成3组，每组20个，每组用5分钟来学习。之所以分3组学，是因为这样可以增加首因效应和近因效应的数量。

每天的学习都按早、中、晚3个时段做如下安排：早上，用30分钟学习这60个单词。先分组把3组单词学一遍,3组单词共用15分钟,然后再用 15 分钟把 3 组单词整体学一遍。这时，每组单词差不多都能背出来了。中午的时候，我们再来复习这 60 个单词，就会发现有一些单词已经不记得了。不过，这次大概再用 20 分钟就能把 60 个单词都背出来。晚上临睡前，我们会发现这 60 个单词只有极少数不记得，这时通常用 10 分钟就能全都记住。这样，每天早、中、晚都拿出 30 分钟学习单词，早上用 30 分钟学习 60 个新单词；中午用 20 分钟复习当天的新单词，拿出 10 分钟复习前一天学习的单词；晚上用 10 分钟复习当天的新单词，用 20 分钟复习前两天学习的单词，两天的单词各用 10 分钟。每学习 10 天，就把所有学过的单词再过一遍。这样就能保证每天学的新单词在随后几天都得到了复习。我们会发现，背单词并没有想象中那么难，词汇量很快就上来了。

编码法：善用算法

有时，学习材料看上去没有什么规律可循，比较难记。这时，我们需要利用一些算法对它们进行编码，让它们看起来有规律可循。比如，很多年以前，北大的电话号码是 6 位，办公楼里的电话是 281 753。怎么记住这个电话号码呢？发现它的"规律"：把 6 个数字分成 3 组，第一组是 2 和 8，可解读为有两个 8。哪两个 8 呢？第二组数字 1+7=8，第三组数字 5+3=8。所以，我们就把这个电话号码编码成：$2 \times 8 = (1+7) + (5+3) = 28$-$17$-$53$。这样就容易记了。

对圆周率也能"编码"，利用谐音编顺口溜可以记住小数点后 22
位数：

3.14159　26535　897　932　384　626

山巅一寺一壶酒，尔乐苦煞吾，把酒吃，酒杀尔，杀不死，乐
尔乐。

如果能用你老家的方言读出来，可能更生动形象。

位置法：利用空间和形象

有些学习材料有明显的空间特征，很适合编码。

以餐厅服务员为例。中餐和西餐风格迥异。假设 10 个朋友聚餐，
如果吃中餐，不管是谁点的菜都放在桌子中间，大家一起吃，服务员
上菜时只需要放到桌子中间。但是，如果吃西餐，大家各点各的菜、
各吃各的菜，那么服务员就需要精准上菜：谁点的菜，就要放在谁面
前；如果放错了，把张三点的牛排拿给了李四，把李四点的烤鱼拿给
了张三，客人会很不开心，服务员今天的小费就没有了。那么想想，
如果 10 位客人坐一张长桌，服务员如何才能记住哪道菜是哪一位客人
点的呢？这时就需要运用位置记忆法。

点菜的时候，服务员是按照客人就座位置的空间顺序来记录的，
比如从 1 到 10 围桌子转一圈，每个位置用数字编号，在点菜单上也有
对应的数字编号。不管是谁先点菜，只要记住他所在的位置，并把菜

写在点菜单对应的编号处，这样上菜时，每一道菜都对应着某一个特定的位置，看着点菜单上菜，就不会上错。

记忆一组词汇，也可以用位置法。例如，要记住下面 7 个词汇：

蜡烛　椅子　红旗　雕塑　喇叭　玻璃　汽车

我们可以在从家到公司的路上找 7 个熟悉而有特色的位置，在每个位置"放"一个词语，并赋予它们联系，举例如下。

（1）出门后的第一个商店里有一根蜡烛。

（2）商店的门口放着一把有特色的椅子。

（3）第一个路口的文具店门口挂着一面红旗。

（4）往前走，右边第一个拐弯处有一个商店卖各种雕塑。

（5）雕塑店有一个宣传产品的喇叭。

（6）再往前走的十字路口处有一个商店用的是彩虹玻璃。

（7）最后走到公司门口，停车场有很多汽车。

将词汇与自己的日常生活联系在一起，绘制一个行动轨迹，记忆就会变得生动起来。

联想法：把新信息与已知事物进行联想

联想可能是最常用、最流行的记忆方法之一。甚至有人认为，记忆的基本法则就是把新的信息与已知事物进行联想。这个说法是有道理的，因为要学习新内容往往需要将其和已有的内容联系在一起，用已知的内容去说明（编码）新的内容，这个联系的过程本身就需要联想。根据上述原则，可以尝试以下几种联想法。

接近联想法是指用相近的事物进行联想。例如 1879 年科学心理学诞生，怎么记住这个时间？可以联想同一年发生的其他事件：相对论的创立者爱因斯坦出生。

相似联想法是指用相似的事物联想。例如为了记住满天繁星的位置，人们把相近的星星结合联想成各种形状，如巨蟹座、处女座、摩羯座。

对比联想法是指由相反事物的一方想到另一方。例如，律诗的中间两联必须对仗，很容易从上句联想出下句。记忆对联也可用这种方法。比如，"良言一句三春暖，恶语伤人六月寒"，这里，"良言"对"恶语"，"三春暖"对"六月寒"。

归类联想法是指在同类事物中进行联想。例如将宋代词人按门派归类更容易记忆：婉约派代表人物有李清照、欧阳修、柳永等；豪放派代表人物有苏轼、辛弃疾、岳飞等。

意义联想法指对内容做意义加工编码，使之产生新的意义。例如要记忆以下人名和职业，可利用意义联想法，对每组职业和人名进行联想编码。

商人刘利惠　工人艾建国　教师童诗文　医生季逢春

- 商人刘利惠：商人总是将利益和实惠留给自己。

- 工人艾建国：工人爱国，努力建设祖国。

- 教师童诗文：教师童老师同时教诗歌和散文。

- 医生季逢春：医生季大夫妙手使病人枯木逢春。

意义组织法：复述

　　一些学习任务并不需要我们对材料进行逐字逐句的精确记忆，只需要我们领会大概意思或者主要内涵，此时用意义组织法是非常有效的。比如，记忆一篇散文，如果并不要求逐字逐句地背诵，那么我们可以根据散文每段的大意，记住每段的主要内容，用自己的语言把每段内容复述出来，基本上就可以掌握它的核心内容了。向他人复述电影、小说、会议内容也是如此，用意义组织法保留主要环节的核心内容就可以了。

　　复述的能力从小就可以培养。比如让孩子复述爸爸妈妈讲的一句话、一件事、一个童话故事，逐渐增加复述内容的长度和复杂度。从小练习复述，也是培养记忆及语言表达能力的重要方法。

　　记忆力是智力的重要组成部分，智力的表现形式之一就是记忆力。世界上流行的韦克斯勒智力测验就会检测一个人的感知力、记忆力、抽象推理力等。记忆力是智力发挥作用、解决问题、完成任务的重要基础，没有记忆，智力就等于零。

　　不断丰富的记忆使生命的内容得到充实，生命的厚度不断增加。生活的内涵和意义都是以记忆为前提的。

　　记忆就是对人的生命做功，可以增加生命的价值。

第四章

思维：理解世界的
千百种方式

第一节　思维误区：来自主观臆断的干扰

在生活和工作中，我们经常会遇到这样的事情：

- 为什么越不希望发生的事情越会发生？
- 为什么自己排的那个队伍总是最慢的？
- 为什么我们当时非常确信自己是对的，事后却发现总是不对？

这些令人疑惑的问题涉及一个又一个思维误区，这些思维误区导致我们产生认知偏差，判断失误。接下来将为大家分析这些问题，探究思维的特点和奥秘，帮助大家识别并避免陷入思维误区。

想当然

首先，我们来看第一种思维误区：想当然。

我在课堂上经常用这样一组图片（图 4-1）：左右两张图大小一致，其中一张是人类大脑的神经影像图，另一张是黑猩猩大脑的神经影像图。图片上的黑点是放大的神经细胞，一张图上的神经细胞排列得密密麻麻，另一张图上的神经细胞则比较稀疏。那么，哪张是人类大脑的神经影像图，哪张是黑猩猩的呢？

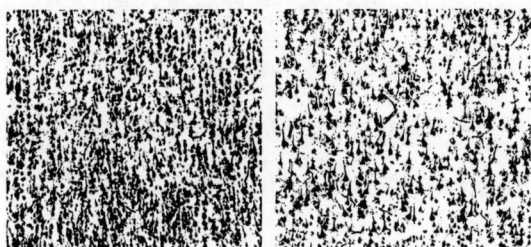

（左）　　　　　　　　　（右）

图4-1　人类与黑猩猩的大脑神经影像图

绝大多数人会认为，神经细胞排列得密密麻麻的左图是人类大脑的神经影像图。但是很遗憾，事实并非如此，神经细胞较为稀疏的右图才是人类大脑的神经影像图。

为什么会这样呢？

人类大脑所采取的进化策略，不是一味地追求神经细胞的数量，而是追求神经细胞之间的横向联结，从而形成发达的神经网络，构成一个复杂的系统。

这一进化策略并不难理解，通过增加横向的神经网络来增强神经系统的复杂性，远比单纯通过增加神经细胞的数量来增强神经系统的复杂性更有效率。这一策略非常聪明，不靠数量靠联结，就像兵不在多而在于团结。

对于一般人而言，这个问题有些偏、难、怪，因为在分析这个问题的时候，我们很容易做出错误的分析推理：人比黑猩猩聪明→既然人比黑猩猩聪明，就应该有一个更复杂的大脑神经系统→大脑神经系统更复杂，神经细胞就应该更密集。于是我们得出结论，神经细胞较为密集的图片是人类大脑的神经影像图。

这个推理过程看似很严密，但有一个环节是靠不住的——神经细胞看上去比较密集的系统，复杂性就一定更强吗？

不一定。

美国的《科学》(Science) 于 2010 年 11 月 26 日发表的一篇报道指出，人类大脑提高神经系统的复杂性，更多是采取增强神经细胞之间的横向联结的策略。

这两张大脑神经影像图带给我们的启发是什么？

第一，要避免想当然。我们认为显而易见的严密的逻辑推理，其实可能隐藏着逻辑漏洞，这就是常见的思维陷阱，要特别警惕。

第二，我们从人类神经系统的进化策略得到启发，横向联结是非常重要的，我们在学习知识、解决问题时，也应该这样。古话说，"它山之石，可以攻玉""触类旁通"，多学习各个领域的知识，有助于我们提升思维能力，让我们更有智慧。

非黑即白

接下来，我们来看第二种思维误区：非黑即白。

如果你是企业的管理者，你会聘用一个苛刻、固执、乖戾、桀骜不驯的人吗？你愿意和这样的人共事吗？一般情况下，大多数人都不愿意。那一个追求完美、坚持不懈、富有个性、激情四射的人呢？你愿意聘用他，与之共事吗？一般情况下答案都是愿意。

然后，上面提到的其实是同一个人。这个人就是苹果公司的创始人史蒂夫·乔布斯！苛刻、固执、乖戾、桀骜不驯、追求完美、坚持不懈、富有个性、激情四射，这些形容词都是我从他的传记里找到的。

追求完美的人通常会很苛刻吗？研究表明，其中大部分人确实如此，过于追求完美的人，对人、对事确实都很苛刻。他们对自己也很苛刻，一旦自己搞砸了事情，他们就很难原谅自己，不放过自己，甚至会到近乎自我折磨的程度。这也是为什么有研究表明，过度追求完美的人的心理健康水平往往较低。

坚持不懈的人通常会很固执吗？坚持不懈并不等于固执，因为固执是指有明显的证据表明做错了但仍不停止；而坚持不懈是指只要自己认为是对的就不放弃。但两者之间的确有很多相似之处。

富有个性的人通常都很乖戾吗？二者有相似之处。如果单位招聘进来一个新人与我们共事，领导告诉我们这个人很有个性，我们就会做好心理准备，因为这个新人的性格或许有些怪。

激情四射的人往往桀骜不驯吗？这两类人，他们的思想都不受任何僵化的套路的拘束，行为也狂放不羁。

将这4组性格特点放在一起看，它们两两之间确实有相似之处，完全有可能同时存在于一个人身上，可我们却时常误以为这是两个截然不同的人的性格。

这些性格特点给乔布斯带来了一段极富戏剧性的人生经历：他创建了苹果公司，随后却被苹果公司的董事会赶出了苹果公司，于是不得不另起炉灶。后续发生的事情证明了乔布斯的确是个天才，苹果公司的业绩因为他的离开一路下滑，最后董事会不得不把他重新请回苹果公司。

苹果公司这一错误的人事决策带给世人的启示是：遇到问题走极端，非黑即白，不用辩证思维同时从正反两方面一分为二地思考问题，做不到兼容并包，会给自己带来很大的损失。

从人力资源管理角度来看，在聘用一个人之前，我们必须想明白：我们到底是因为他的什么优点而聘用他，为此不得不接受、包容他相应的什么缺点，甚至为此要付出什么样的代价。金无足赤，人无完人，如果没有这样的辩证思维，我们就会走极端，无法做出恰当的决断和安排。原来的苹果公司董事会恰恰是没有搞清这一点才犯下大错，让乔布斯和董事会都蒙羞，也让公司遭受严重损失。

在生活中，我们经常会遇到类似的思维困境。比如，想要买一件东西，我们看中它很多出色的功能，但又纠结于它的某些不足。又比如，找工作的时候，我们心动于某家公司提供的丰厚薪水，但同时又觉得它在某些方面的条件太苛刻，无法接受，最终放弃入职。再比如，恋爱中欣赏对方的某些优点，但实在无法容忍对方的某些缺点。

那么，怎样走出这一类思维困境呢？不妨用辩证思维应对：在被优点吸引或者被缺点"劝退"的时候，辩证地想一想它的对立面是什么。当我们走出了非黑即白的思维误区，就能更客观地做出符合需求的决定。

罗森塔尔效应

下面，我们来看第三种思维误区：罗森塔尔效应。

20 世纪有一场著名的"可乐大战"：可口可乐和百事可乐为了争夺市场，都想证明消费者更喜欢自己的可乐，于是各自去做市场调查和消费者研究，结果他们的结论都支持了自己事先的假想——自己的可乐更受欢迎！消费者对两家公司的可乐都更喜欢，这怎么可能呢？至少有一家得出的结论是错的吧？而实际上，两家公司的结论都是错的。

心理学家研究发现，当我们想要证明某一想法时，这一想法本身就已经左右了我们的行动，我们的所有行动更偏向于证明我们的想法是对的。在这种前提下所做的调查和研究得出的结论会存在科学偏差。这种现象叫"自证预言"。著名学者罗森塔尔最先揭示了类似现象，因此这种现象也被称为"罗森塔尔效应"。

罗森塔尔曾做过一个心理学实验，他让一组志愿者来评价一群学习走迷宫的老鼠的聪明程度，并让他们在 −10 ～ 10 范围内给老鼠打分，分数越高表示越聪明。这些志愿者被随机分为两组，其中一组被告知："这群老鼠很聪明，不信，待会儿你看。"但另一组志愿者被告知："这群老鼠很笨，不信，待会儿你看。"这两句话，分别让志愿者有了不同的心理预设，他们已经先入为主地为老鼠打了分。在观察老鼠走迷宫的过程中，他们会不自觉地去证明自己的预设是对的：那些被告知老鼠很聪明的志愿者，打出的分数明显更高；那些被告知老鼠很笨的志愿者，打的分数明显更低。尽管他们观察的是同一群老鼠。

罗森塔尔效应为我们揭示了一种现象：现实中，我们常常以为自己以为的就是正确的，并由此导致一种假象，那就是我们真的证明了自己的想法是正确的。于是，我们坚持自己错误的想法，并在错误里无法自拔。

回到可乐市场调研的案例，如果我们是可口可乐或百事可乐市场调研的负责人，如何做才能避免偏差呢？正确的做法应该是这样的：首先，准备好两种可乐，可口可乐倒上10杯，百事可乐也倒上10杯，一共20杯可乐，这些杯子的外观一模一样，在杯子下面写上编号，编号对应着可乐的品牌，但只有倒可乐的这个人知道编号的含义；然后，由另外一个人把20杯可乐端到实验现场，现场主持实验的实验员完全不知道这些编号对应着什么；之后，请志愿者逐个品尝每一杯可乐。实验结果很有可能是这样的：绝大多数人根本尝不出差别，也谈不上更喜欢哪一个品牌的可乐。他们的答案和随机事件没什么区别，也就是说，都在蒙。

上述这样的实验设计，我们叫"双盲实验设计"。实验者和被实验者、调查者和被调查者，事先都不知道实验项目里的各种对应关系。这样，实验者的主观意图就无法左右实验结果，从而能有效地避免罗森塔尔效应，避免自证预言。双盲实验设计是心理学研究中一个重要的科学方法，也是做市场调研和用户喜好度调查时常用的一个重要方法。

如果说可乐市场调研的自证预言只是一场无伤大雅的笑话，并没有造成商业上的灾难性后果，那么美国汽车制造业就没这么幸运了。

20世纪后期，美国汽车遭到来自德国汽车、日本汽车的挑战，销售市场被它们瓜分了半壁江山。美国汽车制造商百思不得其解，便反复做消费者调查，想弄清楚消费者到底喜欢什么样的汽车。但是，他们一贯的想法是美国的汽车消费者在购买汽车时最看重汽车的款式。秉持着这样的想法，他们的调查都是围绕着汽车的款式提问的，其调查结论果真"证实"了美国的汽车消费者看重汽车的款式。

然而，事实是，德国汽车和日本汽车的质量非常好，从而潜移默化地改变了美国汽车消费者的消费理念，美国汽车消费者开始更多地关注汽车的质量，比如德国汽车能开100万千米，消费者因此可以十几年不用换车，省下一大笔钱，何乐而不为呢？在德国汽车和日本汽车的影响下，大多数美国汽车消费者已经不那么关注汽车的款式了，美国汽车消费者的认知已经发生了变化，但美国汽车制造商的调查报告却只证明了他们已有的想法，反而害了自己。

正确的做法应该是委托中立的第三方机构做双盲实验。公司自己做问卷调查，即便秉持着非常客观中立的态度，仍很容易掉进"自证预言"的陷阱，无法做到真正的客观中立。因此，在这种情况下，委托第三方机构做双盲实验是一个更客观的方法。

回到生活中，我们有没有觉得自己的选择、想法总是对的，而且总能证明自己的选择、想法是对的？比如，自己相中的对象就是世界上最好的、最适合自己的恋人；在职场，拼了命地去证明自己当时的决策是非常正确的，无视周围人的提醒、建议和劝告；我们一旦认为某个同事不好，他的所作所为都能证明他不好；一旦认为某个下属很差，他的所有表现都证明了他真的很差。这样看来，我们是不是很不理性？而人性常常如此。

了解罗森塔尔效应，可以帮助我们规避这样的思维陷阱，防止我们自以为是。

了解罗森塔尔效应如何影响我们的想法和行为，可以让我们的生活和工作变得不一样。比如，我们很害怕做一件有难度、有挑战性的事情时，可以不断地给自己正面、积极的暗示，告诉自己这件事情其实没那么难，这样我们每完成一小步，都能反复地进行自证，告诉自己这件事确实并不难，我原本就能做到、做好。在这样的正向自我鼓励、自我认同的影响下，我们完成这件事情的概率就会显著提高。

"想当然""非黑即白""罗森塔尔效应"，了解这些思维误区，能提升我们的思维质量。遇到事情不要急于向上提升思维能力，而是要警惕自己向下掉入思维陷阱！

第二节　思维偏差：来自人生经验的干扰

如果说思维误区在于总以为自己是对的，那么思维偏差就在于不知道自己哪里错了。识别和避免思维偏差可以有效提升工作质量，以及让我们拥有更美好的生活体验。

思维惯性

首先，我们来看一种非常常见的思维偏差，即思维惯性。

牛顿提出了三大运动定律，其中第一定律阐述了力的含义，即不受外力或外力的和为零时，物体将保持其原有运动状态不变，要么静止，要么保持匀速直线运动。这个定律也被称为惯性定律。

人的思维也会呈现类似的惯性现象，即我们习惯于以某种固有的方式去思考问题，除非出现特殊的、强大的外力改变我们的思维方式。人们常说的"死脑筋""脑筋转不过弯""老顽固"都是说的这种惯性现象。

一般来说，思维惯性的典型表现就是思维定势，是指过去的思维经验或者活动使我们产生了一种依赖性，我们被打上了过去思维方式的烙印，总按照旧有的方式或方法思考和行动。以古诗为例。

芦花丛里一扁舟，俊杰俄从此地游。

义士若能知此理，反躬逃难可无忧。

　　这是古典名著《水浒传》里的一首诗，是吴用和宋江为劝服卢俊义上山加盟而写的。这首诗有什么讲究呢？怎么就间接达到了让卢俊义上梁山的目的呢？

　　这首诗每一句的第一个字，连起来就是"卢（芦）俊义反"——卢俊义要造反。这是一首藏头诗。我们平常读诗的习惯是一句一句地读，很有可能发现不了其中的机关，连卢俊义自己也没看出来，直到这首诗被官府当作谋反的证据他才明白是怎么一回事。

　　再来看下面这首诗。

空花落尽酒倾缸，日上山融雪涨江。

红焙浅瓯新火活，龙团小碾斗晴窗。

　　这首诗是苏轼写的，描写的是在大雪初晴后的一个梦境中煮茶的场景。这首诗的绝妙之处在于，逐字倒着念，会得到另外一首完整的诗。

窗晴斗碾小团龙，活火新瓯浅焙红。

江涨雪融山上日，缸倾酒尽落花空。

这是一首回文诗，但因为我们平时都习惯顺着句子从前往后念，所以不一定能够悟出这首诗的奇妙之处。所以，习惯有时可能会成为障碍。

对于思维惯性，我们可以从两个方面来分析。用物理学中的惯性打比方，一方面，在环境没有发生变化的时候，即没有外力作用的时候，现有的思维方式也许是可行的，因为使用它可以让大脑少做一些工作，大大减轻思维负荷，照常办事就可以了——就像我们每天出门都要锁门，但不用每天都思考一遍今天出门要不要锁门。可是，另一方面，一旦环境发生变化，即外力之和不为零，那么固有的思维方式可能就不适用了。

在商业经营管理中，由思维惯性导致惨痛教训的公司有很多，20世纪末的IBM公司就是其中之一。IBM公司在20世纪中叶是IT行业的传奇，然而到了20世纪后半叶，它却犯了很多重大的商业错误，其中就有3个思维惯性导致的商业危机。

第一个思维惯性是注重产品而不是服务。20世纪中期是产品市场时代，消费者抢产品，而不是产品抢消费者，于是IBM独霸天下。IBM重视自己的产品，轻视服务，这导致大环境转为买方市场后，IBM与消费者渐行渐远。

第二个思维惯性是喜欢大的而不是小的。IBM是大型商用计算机制造行业的领头羊，曾看不上微型计算机。微型计算机也叫个人计算机，虽然也是 IBM 发明的，可以说是 IBM 的"亲生儿子"，但一台个人计算机不过 800～1000 美元，而大型商用计算机可以卖到几百万甚至上千万美元，相差巨大。因此，IBM 不太重视个人计算机业务，后来甚至把个人计算机业务卖给了联想公司。然而，仅仅四五十年的时间，个人计算机就改变了人们的生活、工作方式，商家纷纷抢夺这块市场。现在个人计算机的市场有多大，IBM 丢掉的市场就有多大。

第三个思维惯性是看重硬件而忽视软件。IBM 是计算机硬件制造商，在当时，软件是随硬件附赠的，开发软件不赚钱。所以 IBM 不太重视软件的开发，导致用户体验很差，尤其是个人计算机的操作系统，使用起来很不方便。这时，比尔·盖茨看到了商机，他认为软件应该给用户提供良好的体验；同时软件是有价值的，应该独立收费。比尔·盖茨抓住了这个机会，缔造了微软帝国。今天微软的市值有多大，IBM 拱手让出的江山就有多大。

因惯性思维而错失机遇的事情每天都在发生，有时"习惯成自然"并不是一件好事。

电子商务刚兴起的时候，网络店铺逐渐在市场中涌现，有些广受欢迎的老品牌看不上网店，认为这赚不了多少钱，网上买东西看不到实物，怎么可能成为主流呢？结果现在网络购物成为购物的主要渠道。后来，直播带货出现了，有的品牌认为找"网红"直播带货，天天吆喝，太不上档次了，还不如花钱请演员、歌手代言。结果不久后，直播带货市场便如日中天，不少演员、歌手都纷纷参与进来。

回到我们的生活中，我们在表达一个观点或做出一个评价之前，不妨先等一等，思考一下，看自己是否已经落入了思维惯性的误区。

惯性可能有利，也可能有害。谨记：成也惯性，败也惯性。

功能固着

了解了思维惯性，我们再来看另一种思维偏差——功能固着。

有一个著名的心理学实验可以很好地解释功能固着现象。

一群志愿者被逐一带到一个房间。这个房间分为里外两侧，中间画着一条分界线。志愿者被要求站在线的外侧，里侧稍远的位置有一个铁环，志愿者的任务是在身体任何部位都不越过分界线的情况下，想办法把铁环从里侧拿出来。

志愿者发现，外侧的地上有两根棍子，但两根棍子都很短，哪个都够不到铁环，除非找到工具把两根棍子接起来。但是房间里空荡荡的，只有墙上挂着一本用绳子吊着的挂历。取下吊挂历的绳子，把两根棍子绑起来接长，就能把铁环拿出来。

然而，这个实验真正的看点并不是绳子。这个实验是这样设计的：志愿者被随机分成 3 组，第一组看到的挂历是当年的挂历，第二组看到的挂历是去年的挂历，第三组看到的挂历则是很多年以前的挂历。

实验结果出现了惊人的不同：屋里悬挂着当年挂历的那组志愿者

中很少有人能拿到铁环；屋里悬挂着去年挂历的那组志愿者中有不少人成功地拿到了铁环；而屋里悬挂着很多年前的挂历的那组志愿者中的大多数都能成功地拿到铁环。要知道，这3组人的智力水平是一样的，是被随机分配成3组的。是什么导致了他们行动上的差异呢？

对于当年的挂历，志愿者觉得挂历正在发挥它的功能，便不自觉地认为这根绳子专属于挂历，起着悬挂的功能，绳子的功能被固定了；对于去年的挂历、很多年前的挂历，志愿者觉得它们几乎就是没用的废纸，所以绳子也就被彻底地"解放"了出来，继续用绳子吊着挂历毫无意义，绳子完全可以用来干别的事情，于是志愿者便毫不犹豫地用这根绳子来绑住两根棍子，以完成取铁环的任务。

从这个实验我们可以看到，人们并不是不够聪明，想不出解决问题的办法，而是被某些事物的固有功能限制了思维。更确切地说，我们对某些东西的功能的认知"固着"在了它现有的使用方式上，以至于想不到其他可能的用途，从而无法解决问题。这种偏差说明人类的思维会不自觉地"画地为牢"。

如何克服思维的功能固着呢？功能固着和我们平时所受的教育和训练有很大的关系。比如，问孩子砖头的功能。在传统的教育方式下，如果一个孩子说"砖头可以用来盖房子"，一定会得到老师的表扬，因为这是砖头最常见的、最显而易见的功能之一。然而，如果一个孩子说"可以用砖头把桌子垫起来"，听着就有点儿奇怪；如果有孩子说"砖头可以当作武器"，恐怕会不招人待见，因为这样的回答可能会被认为有点儿违背常识。

久而久之，这样的教育会使我们对事物功能的认知逐渐僵化，固着于某些功能，丧失灵活的思维和解决问题的能力。为了不让我们的思维越来越狭隘，无论是在学习、工作，还是在日常生活中，大家都应该多多地发散思维，思考一个事物更多的用途，养成良好的思维习惯，释放大脑的活力。

概率估计偏差

接下来，我们来看第三种思维偏差，即概率估计偏差。

心理学家用这样一道题来考察普通人对概率的估计：假设在一座大城市里有一家大型妇幼医院，每天有很多新生儿在这里出生。对于每天出生的新生儿的性别规律有以下两种情况，你觉得哪一种更有可能出现？

（1）连续出生的8个孩子都是男孩，性别是：男男男男男男男男。

（2）连续出生的8个孩子的性别没有什么规律，比如：男女男男女女女男。

请你估计一下，情况（1）和情况（2）出现的概率是一样的吗？

或者你认为哪种情况出现的可能性更大？

可能很多人都会觉得情况（2）出现的可能性更大，因为在一座人口多的大城市里，生男生女是个充分随机事件，如果连着8个孩子都是男孩的话，是不是有点儿太巧了呢？

然而正确答案是：两种情况的概率是一样的！

既然是随机事件，而且每个家庭生男生女是完全独立的、不相关的事件，那么前面出生的孩子跟后面出生的孩子，在性别上没有任何关联，每一个孩子是男是女的可能性都是一样的，所以情况（1）和情况（2）出现的概率是一样的。

为什么有人会认为情况（2）更像是正确答案呢？因为情况（2）看上去更像是一个随机事件的"典型样例"，而连着8个都是男孩的情况看上去不像是一个随机事件，如此，我们高估了情况（2）发生的概率，这就叫"典型样例偏差"。

当然，也会有人选情况（1）。有些产科大夫工作了二三十年，接生了成百上千个孩子，他们中有人的确在同一天连续接生了同性别的8个孩子，这就给他们留下了非常深刻的印象。而对于巧合性不强的性别顺序他们就没有什么印象，所以会因"经验易得性偏差"而判断错误。

总之，情况（1）的概率更大或情况（2）的概率更大的判断，都是有偏差的。

生活中，我们对事情发生概率的估计有偏差还是挺常见的。比如，去超市买东西排队结账，我们常常觉得自己总是不走运地排在最长、最慢的队伍中。又比如，开车时经常觉得自己所在的车道车多、车慢，忍不住想变道，可每次变道之后，又变成最慢的。这样的判断失误正是概率估计偏差的结果。

其实，对于这类事情，我们要考虑以下4种情况。

（1）没有变道，并且走得很快。

（2）没有变道，并且走得很慢。

（3）变道了，并且走得很快。

（4）变道了，并且走得很慢。

这4种情况其实我们都遇到过，但是只有一种情况——变道了，采取了行动，但没有如愿以偿，还走得更慢了——给我们留下了最深刻的印象，于是，我们夸大了这种情况发生的概率，认为自己是"倒霉蛋"。其实，生活并没有我们想象的那么糟糕。相反，从这个例子我们可以看出，生活对所有人都是公平的，只是自己产生了思维偏差。

再看另外一个类似的事例。邻居的孩子很努力，成绩很优异，令人羡慕，我们不由地抱怨自己的孩子不够努力。这时不妨考虑以下4种情况。

（1）邻居家的孩子努力了，取得了好成绩。

（2）邻居家的孩子努力了，没取得好成绩。

（3）邻居家的孩子没努力，但取得了好成绩。

（4）邻居家的孩子没努力，没取得好成绩。

这 4 种情况其实都会发生，只不过邻居的孩子努力并取得了好成绩这件事情是我们最主张的，它最能支撑我们的思维偏好，因此我们对它印象最深刻，并且夸大了它发生的概率，同时对其他 3 种情况"视而不见"。

再说一个很有趣的概率估计偏差现象。两个人同月同日生的概率有多大？一年有 365 天，两个人的生日是同一天，这个概率应该很小吧？但事实是，在 23 个人组成的群体中，出现同月同日生的人的概率会超过 50%；而当这个群体扩大为 50 人的时候，出现同月同日生的人的概率会高达 97%。如果不信，不妨看看你公司的同事中，或者你班级的学生中，有没有同月同日出生的人。

心理学告诉我们，这种思维偏差就发生在日常生活中，它影响了思维判断的准确性，进而影响我们的生活体验。在现实生活中，我们要警惕这种思维偏差，谨防自欺欺人。

生活中，思维偏差虽然不可避免，但我们可以通过 3 种辩证思维使自己少受思维偏差的干扰。

第一种辩证思维是：接受矛盾，摒弃非黑即白的思维，承认凡事都有优劣。

第二种辩证思维是：注意整体，多思考不同的情况，防止一管之见、盲人摸象。

第三种辩证思维是：重视变化，认识到事物是在不断变化的，不能用静态的眼光看待动态的世界。

思维偏差向我们揭示了一个现象，很多时候不是我们的智慧不够，而是自己思维的某些弊端、偏差妨碍了我们发挥智慧。因此，要谨记：思维的大敌，正是思维自己！

第三节　激活思维：提出质疑，打破局限

　　人的优点之一是会进行自我反思：因为知道自己不够好，所以追求更好。人会运用自己的智慧扬长避短，把思维的功效发挥出来。这一节将分享激活思维的方法。

悖论的反思

　　首先，我们来看第一种激活思维的方法：悖论的反思。

　　很多至理名言都有一个共同的特点：展露人类的智慧。它们说出了人们想不到的观点，或者深入地挖掘了某些哲理，给人以重大启发。然而，究其根本，这些名言是否真的有道理呢？

　　举个例子，来看这句名言：世界上没有绝对的真理。这句话听上去很有道理，但它真的对吗？如果是对的，世界上没有绝对的真理，那么这句话本身也就不正确了。所以，这是个悖论。

　　再看这句：万能的神能造出一块他举不起来的石头吗？

　　这又是一个悖论，它体现了人类的智慧，并对"万能的神"发起了挑战。为什么这么说呢？大家想想，如果"万能的神"能造出一块自己"举不起来"的石头，那么连这块石头都举不起，他怎么称得上

是万能的呢？可是，如果他造不出一块这样的石头，那他也不是万能的。无论怎么看，他都不可能是万能的。所以，悖论体现了人类的智慧。

其实，这个悖论并不只是人类对神的挑战，它还是人类对自己的挑战、对自己的反思。本质上，一句话被称为悖论是因为它存在这样的逻辑关系：A= 非 A，也就是自我否定的形式逻辑谬误。

这种现象引发了对人类智慧的思考：我们的思维真的缜密吗？我们的思维真的面面俱到吗？我们的思维真的天衣无缝吗？它提醒我们说话要谨慎，做事要小心，否则就会搬起石头砸自己的脚。

英国哲学家伯特纳德·罗素提出过一个著名的"理发师悖论"。

一个小镇的理发师在理发店门口挂上了这样的牌子："我只给本镇所有不给自己理发的人理发。"

有顾客看了不得其解，就问理发师："请问，你给自己理发吗？"

理发师说："不给。"

顾客说："可是根据你牌子上写的，你就应该给自己理发！"

理发师怔住了。

这个故事中的悖论涉及一个有漏洞的定义：理发师是给那些不给

自己理发的人理发的人。

这句话看上去很平常，可是仔细想想就会发现问题：如果理发师给那些不给自己理发的人理发，那么理发师给自己理发吗？如果理发师给自己理发，那他就违背了牌子上的这句话，因为牌子上明明写了，他只给那些"不给自己理发的人理发"；但如果理发师不给自己理发，那么根据牌子上这句话，理发师就应该给自己这种"不给自己理发的人"理发，结果还是否定了牌子上的话。因此无论怎么说，这句话都是错的。

有些话，看似讲了一个很简单的大道理，但这句话里却埋藏着巨大的谬误。如果不仔细推敲，就会被它"忽悠"。比如下面这个"万能溶液"悖论。

有一位学化学的学生很是心高气傲。有一天他见到老师，神气地对老师说："总有一天，我能发明出一种能够把任何物质都溶解的万能溶液。"

老师听了，先是一怔，然后淡淡地问道："那么，你用什么装这个溶液呢？你能找到一种不被你这万能溶液溶解的容器吗？"

学生顿时傻眼了。

类似的悖论时常提醒我们：话不能说得太绝，思考要严谨、周全，否则就会陷入自己挖的陷阱里。

当然，我们也能利用别人制造的悖论，机智地解决问题，战胜对手。我们一起来看看下面这个"吃人"悖论。

> 狡猾的狐狸抓了一个孩子。孩子的爸爸前来营救。
>
> 狐狸坏笑着说："你猜我吃不吃他？如果你猜对了，我就不吃他；猜错了，我就把他吃了。"
>
> 孩子的爸爸想了想，回答："我猜，你会吃掉我的孩子。"
>
> 狐狸笑了："哈哈，那我就吃了你的孩子。"
>
> 孩子爸爸说："等一下，既然我猜对了，那你就不应该吃他。你要说话算数！"
>
> 狐狸愣住了：如果吃了孩子，那孩子爸爸就猜对了；而如果孩子爸爸猜对了，自己就不该吃孩子，而应该把孩子还给他。狐狸这就是犯了悖论的错误！

学习各种悖论，进行各种反思，能使我们的思维变得更加严谨，让我们不断地增加思维的深度和高度。

多做一些促进逆向思考、极限思考的练习，能够防止思维漏洞和思维偏差的出现，避免落入思维陷阱，让我们的思维更强大。

我们能从网上找到不少这种涉及悖论的思维游戏。例如，古希腊克里特岛一个叫埃匹门尼德的人说了这样一句话："所有的克里特岛人都说谎。"你可以想一想，他说的这句话是真话还是假话。

摆脱不必要的纠缠

接下来，我们来看第二种激活思维的方法：摆脱不必要的纠缠。

现实中，我们经常发现自己的思维陷入了困境，面对问题不知从何下手，理不清头绪，以致当我们尝试性地找出一个答案时，连自己都不能确定它是否正确。例如下面这道题。

有一个卖鞋的商人，一天下来他的几笔交易是这样的：

先用 50 元买了一双鞋；

又用 60 元卖了这双鞋；

再用 70 元买回这双鞋；

又用 80 元卖了这双鞋。

算一算，他在这双鞋的交易中，最终赚了多少钱？

回答这个问题时，常见的计算方法是这样的。

50 元支出，60 元收回；第一次结算，赚了 10 元。

70 元支出；又赔上 10 元，不赔不赚。

80 元再收回；再赚 10 元。

总结算，一共赚了 10 元。

这个账算得对不对呢？暂且不回答，但有个结果要先告诉你，北美的许多大学生都做过这道题，但能给出正确答案的人不到 40%。

这么简单的一道题竟然能难住大学生？是的。不信，你自己算一次。如果商人最后真的只赚到 10 元钱，他何必在 60 元卖出而且赚到 10 元后再费一番周折呢？何况他在 70 元买进后很有可能承担以 80 元卖不出去的风险，那不是白忙活了？

到底哪里出了问题？

现在，让我们给问题换个形式，看看这个账该怎么算。

先用 50 元买进一双白鞋，又用 60 元卖掉这双白鞋。

再用 70 元买进一双黑鞋，又用 80 元卖掉这双黑鞋。

这样就清楚了，商人一共赚了 20 元。两个问题其实是一样的，只不过由同一双鞋变成一白一黑两双鞋而已。

也许你会感到奇怪，两双鞋的交易算起账来竟比一双鞋的交易更简单？问题在于：一双鞋是买卖两次，而两双鞋是各买卖一次。这一差异使得后一个问题中的主要元素之间的关系变得简单明了，相对独立而不是相互缠绕，从而易于对其进行有效的运算。所以，我们要防止思维被问题绕进去，纠缠不清。

在数学中也存在类似的形式，比如因式分解，把看似简单实则很难理解和运算的形式，拆解为看似烦琐实则很容易理解和运算的形式。比如我们熟悉的 $a^2-b^2=(a+b)(a-b)$ 就是这种情况。

在这个商人的两笔交易中，鞋在第二次被用 70 元买回时，比 60 元多付出的那 10 元只是暂时的损失。鞋被第二次卖出去所得的 80 元覆盖了买鞋的 70 元，自然也覆盖了买鞋时多付出的 10 元。因此，赚得的 80 元除了与买鞋花费的 70 元成本抵消外，还多了 10 元，而不是与先前损失的 10 元抵消了。这个问题的复杂性是由问题的主要元素（鞋与钱）被重复组织造成的，由于这种重复性，有人错把两次金钱交易混为一谈，从而被误导。因此，有时看似简单的问题可能暗藏着陷阱。

在现实中遇到此类问题，请记住：最简单的可能是最复杂的，反之亦然。

提升思维的灵活性

了解了激活思维的两种方法，我们来看看考察思维能力的两大维度。

心理学家发现，一个人的思维能力可以在若干维度体现，其中有两个是最常见的，一个是思维的流畅性，另一个是思维的灵活性。怎么理解和评价人的思维的流畅性和灵活性呢？

我们来一起进行下面这个练习。

请在 10 秒内尽可能多地说出铅笔有哪些用途。

在短短 10 秒内，你能说出铅笔的多少种用途？3 种、4 种、5 种，还是七八种？在这么短的时间里，确实很难想出很多种用途。于是有人会说："如果多给一点时间，比如 1 分钟，我肯定能说出很多种。"但真的是这样吗？

那么大家不妨再试试。1 分钟内，你能说出铅笔的多少种用途？或者时间再长点儿，在 10 分钟内，你能说出铅笔的多少种用途？

实验表明，1 分钟里人们大概能说出铅笔十几种到 20 种用途。但是，再多给一点时间，人们也说不出更多的用途来。并不是在 10 分钟的时间里，你说出的用途的数量就是 1 分钟内说出的 10 倍。因为开始想出四五种用途比较容易，再往后就越来越难想了。这就是思维的流畅性和灵活性受限的表现。思维的流畅性和灵活性是人类智力，特别是创造性智力的重要特征和表现。

思维的流畅性通常是指针对同一个问题的思维发散程度。例如，有人会想到铅笔的用途有写字、画画、写作业、写信、写报告……但这些用途都和书写有关，都可以归为书写用途，而不是其他用途。虽然这样得到的用途不少，但是很难给人耳目一新的感觉。这就涉及另一个思维特征——思维的灵活性。

思维的灵活性通常是指针对同一个问题的思维发散类型。回到铅笔用途的案例中，用铅笔做秤杆、做摆锤、做尺子——这些都涉及铅笔的制作材料的物理属性。又比如，铅笔的笔芯是石墨做的，石墨可以用来导电，可以用来保温，这就涉及铅笔笔芯的物理属性。还可以把铅笔当柴烧，这就涉及铅笔的木材成分的功能。

这样的思维是不是有很强的发散性？思维的质量是不是很高，创造性是不是很强呢？原因在于，它不局限于铅笔的书写用途，而是联想到铅笔的各种应用场景，这就是思维的灵活性，也叫思维的变通性的体现。

那么，如何提升思维的灵活性呢？

一个很重要的策略是"细分"，也就是先仔细地分解一个物体所具有的属性和可能的使用场景，再根据不同的属性和场景来思考用途，列出更多的答案。在铅笔用途的案例中，除了书写用途，铅笔还有很多物理属性、化学属性，依据这些就能想出很多可能的使用场景，在每个场景里又能想出很多用途，从而大大增强思维的发散性。正是这种细分策略有效增强了思维的灵活性，大大提升了我们的创造力。

化繁为简，解决问题

有时候，我们会遇到比较复杂的问题，复杂到觉得一团乱麻，无从下手。这时候不要慌，先看看能否想办法简化。拿下面这段话举例。

如果在你解决这一个问题之前你所解决的问题，难于在你解决这一个问题之前你所解决的问题之后你所解决的问题，那么在你解决这一个问题之前你所解决的问题难于这一个问题吗？

　　这段话看着挺绕，如何整理呢？策略就是简化。首先，重新组织一下这段话。把"这一个问题"称为 A，用圆括号标记，把"在你解决这一个问题之前你所解决的问题"称为 B，用方括号标记，于是，"在你解决这一个问题之前你所解决的问题之后你所解决的问题"——A之前、B之后的问题——当然还是 A，用花括号标记。

　　如果【在你解决（这一个问题）之前你所解决的问题】，难于 {【在你解决（这一个问题）之前你所解决的问题】之后你所解决的问题 }，那么【在你解决这一个问题之前你所解决的问题】难于（这一个问题）吗？

　　然后，用"A"和"B"分别替换上面陈述中相应的部分，则上面这段话可改写为：

　　如果在你解决 A 之前你所解决的 B 难于 A，那么 B 难于 A 吗？

这样一来，问题就很好理解，也很容易解决了。生活中很多类似的问题并没有我们想象的那么复杂。对问题中的各成分进行变换，我们就会发现问题其实很好解决。数学里的化简分式或算式，就是把看似很复杂的算式简化为很容易理解和运算的形式。比如下面这个例子。

$$\left(1-\frac{1}{x+2}\right)\div\frac{x^2-1}{x+2}$$

经过化简，该式可以表达为：

$$
\begin{aligned}
原式 &= (\frac{x+2}{x+2}-\frac{1}{x+2})\times\frac{x+2}{(x+1)(x-1)} \\
&= \frac{x+1}{x+2}\times\frac{x+2}{(x+1)(x-1)} \\
&= \frac{1}{x-1}
\end{aligned}
$$

这种思维方法还有利于记忆。比如刚才那段复杂的文字让人很难记住，但简化以后就很容易记住了。这就是化繁为简思维的另一个功能——便于记忆。

在高中语文教材的课后训练里，也有化繁为简的练习：把一个较长的段落用 50 个字概述出来。这就需要做高度的精炼，通过简化把段落的精髓提炼出来，以便掌握和记忆有关内容。

大道至简，学会化繁为简的方法，可以大大提高问题解决的质量和效率。

大道至简：化繁为简，简化问题。

不破不立，打破常规

我们在生活中经常会受很多条条框框的限制，这也不许，那也不行，导致我们的思维无法不落俗套，无法展现出创造力。

举个例子，1889 年，法国政府为举办世界博览会并纪念法国大革命爆发 100 周年，特地修建了埃菲尔铁塔。埃菲尔铁塔是用大量钢材建成的钢架结构高塔，体现了工业时代的特点。然而，它当时并不"著名"，有人觉得它太丑了，缺乏古典美，和周围的巴黎古典欧式建筑格格不入。甚至有人倡仪用全民公决投票把它拆了。还好当局顶住了压力，否则今天我们就看不到埃菲尔铁塔了。

著名建筑设计师贝聿铭先生为卢浮宫的改造设计提出了别出心裁的方案：在广场中央建造一个由钢架和钢化玻璃组成的埃及金字塔造型建筑。当时，很多人都觉得这是不可接受的，认为它和卢浮宫的古典欧式建筑风格及里面的收藏品格格不入。幸好，当时的法国总统最终采纳了贝聿铭的设计方案，这才有了今天美轮美奂的卢浮宫入口。事实证明，贝聿铭突破常规的设计是很成功的。

美国旧金山的金门大桥建在海湾入海口，跨度非常大，高度也非常高，是当时创纪录的吊桥。它是一座完全由钢筋水泥构成的现代化桥梁，在 20 世纪 30 年代建成后，遭到了当地市民的非议。当时的人们认为，和巴黎塞纳河上的亚历山大金桥、伦敦泰晤士河上的伦敦塔桥相比，金门大桥简直太丑了，一点古典美都没有。不过，幸好这个方案被采纳了，否则，我们今天就无法看到金门湾日落时那道靓丽的风景线了。

这些案例都体现了人类思维灵活性的一个可贵之处——打破常规，我们因此才有了真正意义上的创新。所以，创新就是要敢于突破过去的思想的束缚，而人类文明也正是在这种思维灵活性的驱动下才不断地创新，不断地发展。

与那些突破时代局限的建筑物相比，诺基亚的智能手机就没那么幸运了。据报道，诺基亚早就设计研发出了智能手机，然而他们没能突破当时的思维定式，还是认为手机越简单越好，越便宜越好，于是将智能手机设计方案束之高阁，以致被苹果手机抢了先机，失去了市场。

这带给我们的启示是，不破不立是人类增强创造力的铁律之一。

不破不立：不落俗套，超越时代。

思维是人类智能的心理载体。正是通过运用思维这个心理工具，人类才创造了灿烂的文明。没有思维，就没有人类文明。当然，就像人类本身是不断进化发展的一样，思维也在不断地完善。虽然思维本身仍有许多偏差，容易让我们误入各种陷阱，但科学地认识思维、运用思维，会使我们的生活、工作、学习更高效。

第五章

学习：获得新的行为
与技能

第一节　行为塑造：在行动中学习

说到学习，人们往往会立刻想到背诵课文，或是做数学题。其实，人们学习过程中很重要的一项内容是分析环境信息并做出反应。很多时候，学习就是在行为中展开的。这里我们介绍最基本的行为学习，包括经典条件作用下的学习和操作条件作用下的学习。

条件反射：最原始的学习方式之一

一提到学习，有些人就会产生畏难情绪，好像学习是件苦差事。其实不然，学习可以非常简单，甚至可以在无意中进行，靠本能完成。

有些环境刺激可以无条件地引发某些本能反应，例如食物能刺激消化液的分泌，这里食物被称作无条件刺激，分泌消化液被称作无条件反应。但是，著名生理学家巴甫洛夫发现了一个奇妙的现象——与无条件反应截然不同的条件反射。

巴甫洛夫在用狗做消化道的生理实验时偶然发现，拿一块肉给狗看，狗会分泌消化液，因为肉可以无条件地引发狗分泌消化液这一本能反应。但是，如果在每次让狗看到肉之前，先呈现灯光或者铃声，多次重复这个过程后，即使狗没有看到肉，只看到了灯光或听到了铃声，也会分泌消化液。这在生理学上是解释不通的，这是个心理学现象。换句话说，灯光或铃声本来是中性刺激，没有特殊意义，与狗分泌消化液的本能反应无关，但灯光或铃声现在也可以直接引发狗分泌消化液的本能反应。心理学把这样的灯光或铃声称为"条件刺激"，它能有条件地引发本能反应。狗会在看见灯光或听到铃声时分泌消化液，说明狗发现了一个关系：灯光或铃声是肉即将出现的信号。狗掌握了这种关系——灯光或铃声的出现与肉的出现之间的关系。正是对这种关系的学习带来了行为的改变：狗本来不会对灯光或铃声有分泌消化液的反应，现在却有了这样的反应。换句话说，狗通过学习获得了新的行为方式。本来灯光或铃声对于狗而言并没有特殊的意义，而现在它们成了肉出现的信号。或者说，狗本来没把灯光或铃声当回事，而现在它会敏锐地搜索环境中的灯光或铃声。

这个发现非常有意义，因为它解释了动物和人类是怎样获得很多本能中没有的、新的行为的，这大大丰富了动物和人类的行为库。

这一发现解释了和本能无关的一些刺激为何能有条件地诱发本能反应，因此它也叫经典条件作用。正是这一发现让巴甫洛夫转向了心理学研究。

1903 年，在马德里国际医学大会上，巴甫洛夫宣读了他的论文《动物实验心理学和精神病理学》。

这种经典条件作用在现实生活中很常见。比如，如果爸爸每次出差回来都给孩子带糖果，久而久之，孩子就会在爸爸出差和获得糖果之间建立关联。只要爸爸出差，孩子就会预期自己能得到糖果，而这个预期往往会得到满足。这就形成了一种习得的"经验"。如果爸爸有一次出差回来没给孩子带糖果，孩子可能会非常诧异，也会非常不高兴，因为这违背了他习得的"经验"。

经典条件作用还可以解释我们的一些习惯是如何形成的。例如，有些人不吃香菜、葱、姜、蒜等，除了特殊的遗传因素外，很大一部分原因是经典条件作用。也许某一次我们身体不适时，恰好吃到了某种有特殊味道的食物，那么我们就会在这种食物和不适的身体反应之间建立某种关联，认为它们之间有因果关系。这种学习的结果是一种很强的神经生理反应：每次我们闻到这种食物的味道都会感到不适。再比如，有一次吃炖牛肉，我们从碗里夹起一大块，一口咬下去，结果是一大块姜，这给了我们非常难受的味觉感受，从此我们就在姜和难受之间建立了某种关联。而这种学习的结果，就可能导致我们以后再也不吃姜，甚至连想到它都会觉得恶心。

经典条件作用可以被应用到我们的学习中，提高我们的学习兴趣和学习效率。学习本身是个中性事件，通常情况下孩子并不会天然地对它感兴趣。但是，如果我们不断地、反复地把学习同一些能让孩子感到快乐的事件结合起来，就会有意想不到的效果。例如，在学习过程中多穿插一些故事、图片、小视频；在学习告一段落或休息时，给孩子提供一些水果或小点心，或是安排快乐的游戏或活动。久而久之，孩子就会把学习这一中性事件和各种快乐的事联结起来，学习就逐渐成了快乐的信号。慢慢地，孩子会培养起对学习的兴趣，喜欢上学习。

在工作中也是如此。绝大多数工作本身是个中性事件，它并不会天然地引发员工的兴趣，但如果在工作中添加各种快乐的元素，比如安排轻松愉悦的工作场景、便利的办公设施，在工作中穿插快乐的交流和分享会，提供充足的午休时间及各种免费的茶点福利，长此以往，就能让员工觉得上班是一件轻松、愉快、富有乐趣的事情。相反，如果工作中总是充满挑战、挫折、失败，员工没有得到任何帮助、支持、指导、安抚，久而久之，员工就会厌倦工作，甚至对工作感到恐惧、痛苦。

没有天生就喜爱或者讨厌学习或工作的人，对学习、工作是充满热情还是充满厌恶情绪往往取决于他们的组织是否遵循心理学规律。

主动探索：行为结果塑造行为

经典条件作用下的学习是靠本能完成的，无法体现学习者的主观能动性。相对而言，操作条件作用下的学习就是更高级的一种学习。

操作条件作用是斯金纳提出的，他是著名的心理学家、美国国家科学院院士，获得了美国最高科学荣誉——国家科学奖。

斯金纳是 20 世纪最杰出、影响最大的心理学家之一，做过许多重要的工作，例如在第二次世界大战期间，他试图训练鸽子为军舰导航。

斯金纳训练鸽子啄按钮，鸽子啄了按钮之后，就会有食物顺着管道掉到碗里。最初，鸽子会尝试各种行为，偶然地，它用嘴啄了一个按钮，此时食物掉到碗里。经过反复的尝试，鸽子发现：只要自己一啄那个按钮，就会有食物掉到碗里。

于是，鸽子就掌握了用嘴啄按钮和获得食物之间的特殊关系。随后，鸽子其他的无效行为就被淘汰，有效行为被固定下来。也就是说，学习改变了行为。

再复杂一点，设计两种不同的按钮，一种是圆形的，另一种是方形的，只有啄圆形的按钮时，鸽子才能获得食物。那么，鸽子会在这两种按钮之间不断地尝试，久而久之，它会发现只有啄圆形的按钮才会有食物，而啄方形的按钮不会有食物。这样，鸽子就掌握了啄圆形按钮与获得食物之间的关系，新的行为就诞生了。

这个实验还可以再复杂一些，例如，有两个圆形的按钮，鸽子啄左边那个按钮，而不是右边的按钮，才会获得食物。那么，经过反复不断地尝试，鸽子最终会掌握啄左边的按钮和获得食物之间的关系。

值得强调的是，斯金纳指出：啄正确的按钮才能获得食物的行为结果反过来强化了鸽子的正确行为，塑造了它的行为。因此，行为的结果是原因，行为是行为结果的结果。这是一个颠覆常识的定律。在此之前，人们往往认为行为是原因，而斯金纳认为，行为的结果才是行为的真正原因。

斯金纳的鸽子实验更重要的意义在于，它证明了由于行为的结果是由环境控制的，是可以任意设计的，那么行为的学习就可以被人为地操控，具有无限可能性。

后来，很多心理学家采用各种巧妙的实验证明，动物和人类的学习能力其实是很强的。

和巴甫洛夫的经典条件作用不同，斯金纳发现的这种学习必须是动物先主动地努力尝试，之后才会出现它期望的结果。因此，斯金纳的发现揭示了主动探索在学习中的重要性。这一学习过程也被称为操作条件作用下的学习。相对于经典条件作用，关于学习方式的这一新发现拓展了动物和人类学习的多样性、能力提升的多样性，为极大地丰富行为库提供了新的途径。

马戏团里的动物能掌握各种杂耍技能，都要归功于操作条件作用。在生活中，我们可以设计一个方法训练自己的宠物养成特定的行为习惯。

想让小狗学会听到"坐下"这个指令时就坐下，那么我们可以在每次发出这个指令时就要求它坐下。小狗开始不明白我们的意图，但它会不断尝试，当它偶然做出正确的动作时，我们可以给它食物作为奖励。当然，我们在这个过程中可以帮助它学习，比如帮它把后腿弯下去，拍它的臀部让它蹲下。久而久之，小狗就会彻底明白，只要一听到"坐下"的指令，自己立刻坐下就能得到食物。从某种意义上来说，我们也可以理解为，小狗懂得了"坐下"这个指令的含义。

那么，马戏团里的动物是如何学会复杂的指令的呢？用训练狗熊耍马叉举例。驯兽师把狗熊耍马叉分成4个阶段：第一个阶段，一走进马戏场，狗熊就要往中间走；第二个阶段，狗熊走到中间后，要爬上中间的高台；第三个阶段，爬上高台之后，狗熊要接住递过来的马

叉；第四个阶段，接住马叉后，狗熊要将其在空中转两圈。就这样，
驯兽师对狗熊在每个阶段所做的动作，都用操作条件作用加以训练，
狗熊最终就学会了耍马叉。

心理学将这种连续学习的过程称为"行为塑造"，具体而言，它是
指对任何接近所期望的目标并最终与预期的反应相匹配的连续行为进
行强化的过程。

尝试与教训：行为结果调整行为

在以上两种学习中，学习者并不会遇到很大的麻烦：如果做得不
对，并不会受到惩罚，而做对了则会得到奖励。但现实中，有很多情
况是做错了或者学习无效就会产生麻烦，问题也得不到解决。著名心
理学家桑代克设计了一些装置来观察动物是怎样解决此类问题的。

一只猫被放进一只笼子里，笼子有一个门，门上有门闩，只有打
开这个门闩，猫才能出来吃到放在笼外的食物。桑代克在笼子里设置
了一个踏板，一旦猫踩下这个踏板，门闩就会自动抬起，门就会打开。
可是猫怎么能够知道踩下这个踏板就能打开门呢？它怎么掌握踩踏板
和开门之间的关系呢？

桑代克通过观察发现，每次把猫关到笼子里，它都会乱跳乱撞，
如果偶然踩下踏板，门就会自动打开，猫就可以吃到外面的食物。等
猫吃完，桑代克又把猫关进笼子里，如此反复，渐渐地，猫就发现了

踩下踏板和打开门之间的关系：正确的行为结果促使猫在踩下踏板这一正确的行动和打开门这一期望的结果之间，建构了思维联结，这个联结被成功吃到食物这一奖赏不断地强化，最终猫学会了成功解决问题的方法。

这里的要点是，每一次猫都会在反复的尝试中不断寻找可能的解决方案，虽然很多时候很多行为看似无效、错误，但实际上都是有意义的。其意义就在于，行为的结果不断调整行为本身，直到最后猫能做到一上来就踩下踏板，进而吃到笼外的食物，解决问题。桑代克把这种不断尝试的作用叫作"效果律"。

现实生活中同样如此：虽然经常失败，但失败都是有意义的，我们恰恰是在失败中不断地尝试，寻找正确的答案。

学习也是一样，学新内容时做题往往会出错，或者根本不会做，但把错题收集到错题本或难题本上，反复练习，找出错误的原因，最终一看到题目马上就知道如何正确地解答。换句话说，通过学习排除了各种错误的做法，最终我们找到了有效的、正确的做法。这就是失败对学习的意义和价值。爱迪生用一句话对此做了很好的总结："失败也是我需要的，它和成功对我一样有价值。"

实际上，不管我们是否意识到或体会到这些，我们的每一次试错对成功都是有意义的。

失败是生活的必需品，是有效学习的重要营养。

第二节　认知模仿：在认知和模仿中学习

前面讲到的几种学习都涉及具体的行为，那么思维在学习中扮演什么角色呢？当面对更复杂的问题时，大脑是如何工作的呢？个体的主观能动性是如何起作用的呢？这里我们将要介绍认知和模仿在学习中的作用。

认知地图：构建完整的体系

美国心理学家托尔曼用老鼠做了一个实验，揭示了思维对行为的塑造作用。他让老鼠走一个有 3 条路径的迷宫，第一条路径最短，第二条路径较长，第三条路径最长。老鼠必须走出这个迷宫，到达终点才能吃到食物。就像桑代克的猫一样，托尔曼的老鼠第一次被放进迷宫时也是乱窜乱跳，但经过反复学习、尝试，它最终走到终点，吃到了食物。托尔曼再把这只老鼠放进迷宫，它还是会乱窜乱跳，但最终还是能够走到终点。如此多次反复，托尔曼发现，老鼠乱窜乱跳的次数越来越少，走出迷宫所用的时间越来越短，最后只要一把老鼠放进迷宫，它就径直走最短的路径，顺利到达终点，吃到食物——老鼠"学会"了走迷宫。

托尔曼关心的是老鼠"学会"走迷宫后再被放入迷宫会有什么表

现。当老鼠学会走最短的路径后，托尔曼把这条最短路径切断，使得老鼠无法通过最短路径走到终点。这时候，老鼠的反应有些令人吃惊。

被切断了最短路径后，老鼠并没有慌张地乱窜乱跳，而是很从容地退了回来，走第二短的路径。接着，托尔曼把第二短的路径也切断。老鼠发现第二短的路径也走不通了，又退回来，走最长的那条路径，照样到达终点，成功吃到了食物。也就是说，在整个过程中，老鼠并没有因迷官的改变而惊慌失措，也没有做出重新学习的行为。

这一表现说明，老鼠前面的多次失败其实都是有意义的：老鼠在这些尝试和错误中不仅学会了如何走到终点，还把最短的路径、第二短的路径、最长的路径都掌握了！托尔曼对这一现象给出了解释：老鼠必然是在大脑里建立了一幅关于整个迷官是什么样子的心理地图，否则，老鼠不可能每一次都能从容地走相对最短的路径。托尔曼把这一心理地图命名为"认知地图"。

托尔曼的研究成果给我们带来了重要启示：不断尝试并在错误中学习、探索，是一种很重要而且很实用的行为。面对失败没有必要太沮丧、太恐惧，因为这些试错的过程、学习的经历最终会换来成功，并且在获得成功后，当危机和困难再次来临时，这些失败的经历——确切地说是学习的经历，会调动我们大脑内的认知地图，让我们很快找到其他解决问题的方法——这可比误打误撞地获得成功有价值多了。

生活中，我们常会用到认知地图。比如我们到一座新的城市居住，我们最初完全不了解这座城市。但是，慢慢地，我们对这里越来越熟悉，身处任何一个地方我们都知道可以找到什么、看到什么、买到什么，我们已经成为这座城市的"活地图"。

学习中，我们会把学到的学科知识按照一讲、一章、一本书的结构建构起思维脑图，也叫"概念地图"，最终把自己学到的所有相关内容绘制成一幅认知地图，把不同的知识互相关联起来，形成一个完整的体系。这样我们就能够很全面地掌握这一学科的内容。

工作中，我们经常会运用认知地图来处理各种事务。比如来到一个新的工作岗位，我们最初并不熟悉自己所要从事的工作，需要快速地学习，建立一幅关于这项工作的认知地图：了解自己需要完成哪些任务、承担哪些职责；完成每项任务可以用到自己的哪些技能、知识；需要采取哪些行动，怎样执行才能达成想要的效果……这一切都需要通过学习建立起一幅认知地图，在大脑中形成对这项工作的完整认识。建立了这样一幅完整的认知地图，我们就能进入工作状态，高效地完成工作任务。

使人积累经验获得才干的过程是学习，使人吸取教训变得聪明的过程也是学习。

所有的尝试甚至失败，都是有意义的，它们帮我们发现事物的全貌，建立起关于面前这一世界的完整的认知地图，指引我们解决问题，有效地生存。

顿悟：漫长积累后的灵光一现

科学界有很多奇闻，比如科学家竟然在梦境中找到了破解谜题的办法。我们在刑侦剧中也看到过类似的情节，在杂乱的线索中，大侦探突然灵光一闪，找出了凶手的破绽。这一顿悟的时刻令人感觉豁达明朗。

在前一小节介绍的托尔曼的实验中，他使用的动物不是高级动物，学习任务也不复杂，我们并没有看到老鼠的顿悟。而著名的德国心理学家柯勒认为，如果让高级的灵长类动物完成一项复杂的学习任务，结果会有所不同。柯勒用黑猩猩做了一个实验，揭示了顿悟的过程。

把一只黑猩猩带到一间屋子里。屋顶上吊着一串香蕉，屋顶太高，以至于黑猩猩无论如何也够不到这串香蕉。黑猩猩反复尝试后都失败了，它时而焦急、沮丧，时而生气、捶胸顿足，时而若有所思、抓耳挠腮。

这时候，柯勒观察到，黑猩猩忽然坐下来，仔细地观察起整间屋子，环视屋里的所有物品，发现不远处放着两只木头箱子。它看看木头箱子，再看看屋顶的香蕉，脑袋转来转去，突然，它好像"悟"到了什么，猛地跳了起来，把两只箱子挪过来，再摞起来，最后爬到箱子上方，成功地够到了吊在屋顶的香蕉！

柯勒对这一幕总结到，黑猩猩多次尝试失败后，经过重新观察、审视场景，在地上的箱子和吊在屋顶的香蕉之间，突然想到了某种联结——屋顶的香蕉太高够不到，但地上的箱子摞起来足够高，它站在上面就可以够到香蕉！柯勒称这个过程为"顿悟"。

顿悟，可以说来得快，也可以说来得慢。所谓快，是因为黑猩猩似乎一下子就想到了新的解决方案；所谓慢，是说黑猩猩在前期经过了多次尝试、反复思考和探究，这是顿悟的准备期。心理学家提示，没有之前长久的准备，就不一定会有后来突然而至的顿悟。所以，顿悟的本质是：没有什么突然从天而降的灵感，只有长期努力、不断探索的结果。

我们需要沉浸到事件和环境中，全情投入地观察、思考，绞尽脑汁，才能获得让我们顿悟的灵感。

人类在解决那些需要创造力的问题时离不开顿悟，一次又一次的顿悟让我们的思维能力不断提升。不少心理学实验都证实了这一点。

心理学家把招募来的志愿者一个个地带到一间屋子里。屋里吊着两根绳子，绳子之间隔着一定距离。志愿者的任务是设法把两根绳子同时抓在手里。但问题是，两根绳子都不够长，如果用一只手抓住一根绳子，另一只手就够不到另外一根绳子。很多志愿者都被难住了，无法完成任务。但也有人环视四周，寻找可能的解决问题的方法。

比如，有人就发现，不远处的地上放着一个小锤子，他们在小锤子上动脑筋，在小锤子和两根绳子之间建构某种关系，从而找到解决问题的办法。最终，他们想到一个好方法：先把小锤子系在第一根绳子的一端，再用力甩出这根绳子，锤子带着绳子摇摆起来；志愿者先抓住第二根绳子，然后站在离第一根绳子最近的地方，等到小锤子荡到跟前时一把抓住它，问题就解决了。

这个实验体现了人类通过顿悟解决问题的过程：将任务与环境中的其他元素联系起来，建立某种关系。

当然，不是所有问题都适合用顿悟解决。比如托尔曼的老鼠走迷宫问题就不适合用顿悟解决，老鼠只能一次又一次地尝试，在失败中积累经验，记住整个迷宫的地图，熟练地应用这张地图，直到顺利地走出迷宫。

不同的问题有不同的解决方法，有时我们需要像托尔曼的老鼠那样不断地尝试，有时又要像柯勒的黑猩猩那样靠顿悟解决问题。这两种方法都是我们解决问题可能的途径，不能偏废，这就好比不同的钥匙开不同的锁。

模仿：用替代性经验丰富行为库

前面提到的学习方式的共同特点是，我们要亲身经历学习的过程才能完成学习任务。

对此，著名心理学家、美国斯坦福大学教授班杜拉提出疑问：我们是不是一定要亲身经历学习的过程，才能获得学习的效果呢？通过观察和模仿能不能获得类似的学习效果呢？

班杜拉招募了 66 名 4 岁孩子作为被试，将他们随机分成 3 组，让他们分别观看不同的视频。

第一组孩子看到的视频是，一个成年男子（榜样人物）对一个大玩偶做出种种攻击行为。另一个成年人奖赏了他的攻击行为，还称赞他是勇敢的胜利者，给他巧克力等食品作为奖品。这一组被称为"奖励暴力组"。

第二组孩子看到的视频是，一个成年男子对大玩偶做出种种攻击行为。另一个成年人责骂他是个暴徒，并打得他抱头逃跑。这一组被称为"惩罚暴力组"。

第三组孩子看到的视频是，一个成年男子攻击大玩偶，既没有人奖励他也没有人惩罚他。这一组被称为"无反馈组"。

视频播放结束后，班杜拉将孩子们逐一领到一个房间里。房间里有各种玩具，包括玩偶。在10分钟的时间里，班杜拉观察每一个孩子的表现。结果表明，那些来自"奖励暴力组"的孩子在玩玩偶时模仿攻击行为的情况相当明显；那些来自"惩罚暴力组"的孩子的攻击行为明显少于来自"无反馈组"的孩子。班杜拉用替代学习来解释这一现象：我们看到别人的行为受到奖励，自己做出同样行为的可能性会间接增加；看到别人的行为受到惩罚，会抑制自己做出同样的行为。

班杜拉用实验证明：看到成年人的攻击行为被奖励的孩子，更可能对自己的玩偶做出类似的攻击行为。也就是说，孩子以成年人为榜样，会模仿榜样的行为。例如，妈妈做了一桌美食，得到了全家人的赞赏，那么年幼的女儿就可能会学着妈妈的样子洗菜、捏面团，因为她希望能像妈妈那样得到全家人的赞赏。同样，如果父亲把家里的房子粉刷一新，得到了全家人的赞赏，那么年幼的儿子可能也会试着拿起画笔满墙涂鸦，因为他以为这样能得到全家人的赞赏。这些都是日常生活中孩子通过模仿成年人进行的学习。

当然，好的事情会被模仿，不好的事情也会被模仿。研究发现，如果小女孩被妈妈教训了一顿，那么她回到自己的房间后也会对自己的布娃娃发火；如果小男孩被父亲揍了一顿，那么他很可能转身拿家里的宠物撒气。

班杜拉的研究有非常重要的现实意义。模仿他人的行为极大地拓展了我们通过学习获得新的知识和能力的可能性，提高了我们的学习效率。毕竟我们不太可能把世界上的所有事情都经历一遍，就算有可能，靠亲身经历去学习也太费精力和时间了。

模仿学习这一途径，让我们替代性地获得经验。阅读报纸、阅读杂志、看电影、看电视，都是在进行模仿学习。举个最极端的例子，如果没有这些替代性地获得经验的渠道，我们就只能靠亲历战争才能明白和平的宝贵。只有亲历战争才懂得它的残酷，这一学习代价是不是太惨痛了。模仿拓展了学习的多样性、可能性，并用很低的成本无限地丰富了我们的行为库。

生活中有很多模仿学习的例子。我们练毛笔字时描红、临帖，就是模仿学习；学习写作文时，教师让学生摹写样板文章，也是模仿学习。我们在单位里评优秀员工，也是为了促进模仿学习。父母若希望孩子努力学习，那么自己每天晚上在家里也要多读书、多看报，给孩子展示一个良好的学习习惯，给孩子做一个学习的榜样。如果父母总当着孩子的面看电视剧、玩手机、打游戏，就很难避免孩子对电视、手机、网络游戏上瘾。

这些做法都遵循了一个心理学原理：榜样的力量是无穷的。

综上所述，学习能够帮助我们改变行为，积累经验，提升解决问题的能力。学习是成长的过程，是我们终生都在做的事。

学习有不同的方式和策略，我们可以靠本能来学习，这是天赋，不要浪费；可以靠主动探索来学习，进行自我塑造；可以靠不断尝试，从失败中积累经验来学习，所以不要怕失败，要与失败做朋友；可以构建认知地图来指导学习；可以通过对整个情景建立整体关系顿悟；也可以模仿学习，通过学习别人的经验来增长自己的见识。

也许有人觉得学习的过程是辛苦的，但在生活的所有辛苦中，学习的苦是最有价值的。

人类为学习而生，学习就是成长。

第六章

创造力：人类的高等能力

第一节　表象：形象思维的核心元素

厨师能用胡萝卜雕出美丽的玫瑰花，尽管玫瑰花并没有在厨师的眼前，但他仍然可以雕刻得栩栩如生。这是为什么呢？因为人类有一个重要的心理基础——表象能力。

心理学中的"表象"不是我们日常说的"表面现象"，而是我们在脑海里存储或回忆的事物的形象。更严谨地说，表象是指客观对象不在我们面前时，我们在观念里或者脑海中对于客观对象所保持的形象，以及客观形象在我们脑海中的重复再现。

比如，我们看到一枝玫瑰花，那么我们在脑海里就会形成关于这枝玫瑰花的感知映像，也就是感觉记忆。当我们持续注意并端详这枝玫瑰花，甚至将它和自己以前见过的玫瑰花做对比时，这枝玫瑰花就成了我们的工作记忆，甚至是长时记忆。这时，我们脑海里保持的这个形象就是这枝玫瑰花的表象。此后，虽然我们眼前并没有玫瑰花，但是我们脑海里会呈现出玫瑰花的形象，这一形象也许与真实的玫瑰花不完全相同，但是会很相似。这就是我们从大脑的长时记忆——大脑硬盘里提取出来的玫瑰花，我们把这枝玫瑰花放入工作记忆——大脑的缓存中，便获取了这枝玫瑰花的形象，也就是表象。所以，表象就是大脑所保存的对客观事物的形象的信息。表象是我们感知世界、认识世界的结果。

表象的来源主要有两个方面：记忆表象和想象表象。

记忆表象

记忆表象也叫心理表征或者认知表征，是指我们对感知到的事物形成的模式识别的形象表达，它被保存在我们的工作记忆里。

记忆表象是"所见即所得"的表象。我们看过某一事物，就会在大脑中形成关于它的形象的映像。

如果没有这样的表象，一旦我们离开了感知的客体，大脑里就什么都没有了。而有了这样的表象，即使离开了我们感知的客体，我们仍然可以对这一客体进行加工。

这种加工，可以简单理解成对拍摄的照片进行后期处理，比如各种美化。按照自己的喜好对这个表象进行操作，有利于我们更好地记住这个客体的形象。

我们感知的表象越鲜明、越生动、细节越多，这一表象在大脑中维持的时间就越长，就越有利于转为长时记忆，永久地记住。试一下，仔细看一会儿玫瑰花的图片，然后合上书，描述一下它的样子。

我们描述出来的就是我们将这枝玫瑰花保存在大脑中的表象。玫瑰花并不在我们眼前，而我们描述得越详细、越生动，就说明我们对这枝玫瑰花形成的表象越清晰、越完整。这种对表象进行生动描述的能力，正是表象加工能力。表象加工能力越强，记住某一事物的可能性就越大，记忆力就越好。并且，我们将事物转述给别人时也会更清晰、更准确，让人更容易理解。

表象加工能力在沟通中也能起到重要作用。为什么有些人写作文能写得那么形象生动？正是因为他们的表象加工能力很强，能把细节说清楚。

有些人特别擅长画画，即便眼前没有玫瑰花，也依然能凭想象画出一枝娇艳欲滴的玫瑰花，除了归功于其绘画功底强，还要归功于其表象加工能力强。

据记载，唐玄宗对巴蜀山水神往已久，但是因为太忙抽不出工夫游览，就派宫廷画师去写生，其中就有吴道子。一路上吴道子畅游嘉陵江，饱览风光，却一笔没动。后来吴道子回到长安，来到大同殿上，唐玄宗见吴道子空手回来，满眼疑惑。

吴道子说："现场画不下，但我都记在脑子里了。"

唐玄宗说："这地方够大，你画来看看。"吴道子就在大同殿上挥毫泼墨，一日下来，画出了《嘉陵江山水三百里图》，把嘉陵江壮阔、俊秀的风光尽收笔下。唐玄宗看后惊叹不已。

吴道子被称为"画圣"，靠的正是他超群的表象加工能力。

想象表象

　　想象表象是我们对已经存储在脑海中的关于事物的形象进行再加工后所形成的新的表象，这是人创作的结果。比如，我们可以想象出各种新产品的形象，就像乔布斯在智能手机还没普及的年代就想象出 iPhone 的样子：需要有触摸屏、App、iCloud 功能等。再比如，机器人、电影里的外星人，都是我们对已有的记忆表象进行再加工后创造出来的。

　　想象表象是我们对已有的形象表象进行不断的再加工，如变形、改造、叠加，从而产生的新的表象。这种表象和我们的创造力有密切的关系。

　　我国古代有很多经典的想象表象的事例。例如谁都没有见过凤凰，但人们以孔雀的形象为原型想象出了凤凰。又比如古人没有见过龙，却以蛇、蜥蜴等动物作为原型，靠想象创造出了龙的形象。这些都是想象表象的范例。

　　艺术创作也需要想象表象。比如神话人物"哪吒"，大家都没见过，所以不管是老版还是新版动画片《哪吒》中的人物形象，都是借助想象表象设计出来的。

　　我们生活中经常使用的一些物品的发明创造也离不开想象表象。将手电筒和头盔联系在一起，矿工的安全帽诞生了；将移动手机和计算机联系在一起，智能手机诞生了……新产品层出不穷，想象表象功不可没。

我们不断地想象出新的形象、新的产品，使我们的物质生活和精神生活更加丰富。可以说，想象表象是创造世界、改造世界的心理基础。

每个人都有想象表象的加工能力，它是创造力的重要心理基础。所以，我们每个人都可以脑洞大开，都能创造出新事物，成为发明家。

要特别强调的是，表象是人类形象思维的核心，或者说，表象是形象思维的加工内容和对象。所谓形象思维，就是以形象为素材、对象进行的思维。因此，表象的加工能力对于形象思维的质量至关重要。正是因为我们在生活中不断输入表象，才能对它们进行加工，输出形象思维的产物。可以说，没有表象，我们就没有形象思维。

没有表象就没有形象思维。

第二节　表象能力：身心综合运动

我们已经知道了表象是人类形象思维的核心。那么，如何提升人的表象能力呢？我们分别从空间认知、艺术创作、体育运动 3 个角度来介绍表象能力的具体体现以及提升方法。

空间认知

父母为了促进孩子的智力发展，会给孩子买很多益智玩具，其中魔方就是一款很典型的能提升空间表象能力的玩具。

要想在很短的时间内把魔方拧好，需要培养一种很关键的能力——表象加工能力，即建立起一系列的表象，如什么样的动作可以把魔方拧成什么样子，魔方的某一小块移到特定位置需要通过哪些步骤才能实现……这些都离不开表象加工能力。把魔方从现在的样子转变成脑海中的样子，我们必须在这两个形象——两个表象之间构建某种联系。这种构建联系的能力就叫"表象操纵能力"，也叫"心理旋转能力"，是表象加工能力的一种具体表现形式。

心理学家曾做过一个非常经典的实验来证明和展示人的表象操纵能力。图 6-1 中有左右两组圆形卡片，其中一组被写上了正向的大写英文字母 R，另外一组则被写上了反向的大写英文字母 R。心理学家把这两组圆形卡片混在一起，充分打乱，扣在桌上，请被试随手从中抽出一张，然后手拿卡片下端看，迅速判断出是正向的 R，还是反向的 R。

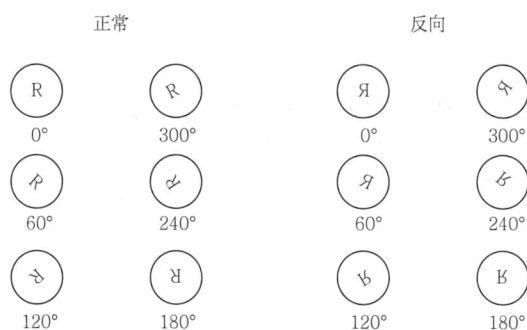

图 6-1　字母 R 的旋转测试图

最终，心理学家发现，当被试随手拿出一张卡片想要判断是正向的还是反向的 R 时，因为卡片上的 R 的旋转角度各不相同，并不总是垂直正对着被试，所以被试需要思考一段时间才能回答。字母旋转的角度越大，想判断它是正向的还是反向的就越困难，花费的时间就越长。

为什么会这样呢？

这是因为被试要在大脑中对这个 R 进行"心理旋转"——对表象进行操作，先把它在脑海中旋转成垂直正位的写法，然后才能比较容易地判断出是正向还是反向的 R。

生活中处处需要表象操纵能力，衣着搭配、发型设计、居室布置……这些都需要我们先在脑海里想象不同的行动会产生什么样的结果。甚至玩一些电子游戏，例如俄罗斯方块、愤怒的小鸟，也需要这样的表象操纵能力：我们需要提前设想，什么样的操作能够形成我们最终想要的图像或者达成我们想要的结果。

机械工程中的作图，一个零件通常需要作 3 个视图（图 6-2）：主视图、左视图、俯视图。当一个物体摆在我们眼前时，我们能不能想象出从正面看它、从侧面看它和垂直俯视它时它的形象表象呢？或者反过来，当我们看到一个物体的主视图、左视图、俯视图时，能不能想象出这个物体到底是什么形象呢？这些都得用到表象操纵能力。

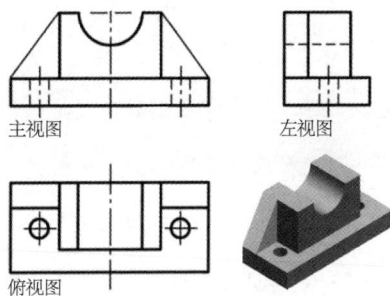

主视图　　　　　左视图

俯视图

图 6-2　零件工程图

很多家长关心自己的孩子将来适合什么职业，不妨让孩子试着做一下字母 R 的旋转测试。如果孩子的表象操纵能力很强，他就很适合诸如工程师、艺术家这种和视觉打交道、需要较强的表象操纵能力的职业。"没有金刚钻，不揽瓷器活"，能够用到自身专长的职业选择才是最佳选择。

如何提升表象操纵能力呢？一个很重要的方法就是通过多练习、多记忆来增加大脑中所记忆表象的数量。前面提到的字母R的旋转测试，我们就可以通过多次练习操作，记住所有可能出现的表象，增加记忆表象的数量。这样，我们再次拿起一张卡片时，就可以比较轻松地根据它当前的形状提取记忆表象，直接判断它是正向的R还是反向的R，不必每次拿起一张新卡片时都对它进行"心理旋转"。也就是说，当我们能积累更多的记忆表象时，我们就能更快地做出正确的操作和判断。

艺术创作

艺术的门类很多，每一个艺术领域都有大师，他们为我们创作了数不尽的艺术作品。但艺术都是相通的，一个好的艺术作品往往具有强大的表象能力，能够激发另一个领域的创作者的灵感。

《三国演义》《水浒传》《西游记》《红楼梦》里的人物，大家都很熟悉，很多画家、雕塑家、戏剧大师也都根据小说中的描写，将他们理解的关羽、武松、孙悟空、林黛玉等诸多文学形象活灵活现地展现在大家面前。这些艺术家是从哪里得来灵感，将每一个人物都刻画得惟妙惟肖、各有特点的呢？我们可以采取逆向思维来思考：正是因为作家在创作这些人物的时候，非常鲜明、生动地描绘了他们的形象，这些人物才在人们的脑海中产生了鲜明、深刻、生动的表象，进而引发了人们强烈的共鸣。而这种表象操纵能力，是艺术创作的重要基础。

关羽、武松、孙悟空、林黛玉……这些人物出场时，作者对他们的五官、身段、穿着、言谈举止等，都做了详细的描写，从而为表象的产生提供了重要的细节信息。换句话说，要想塑造鲜明、生动的人物形象，语言驾驭能力要很强，强到能激发读者在脑海中产生鲜明的表象的程度。

具体怎么做呢？有以下两个窍门。

（1）大量使用3类词：名词、动词、形容词。

（2）多挖掘细节，增加对细节的描述。

例如，老舍先生的名作《北京的秋天》中有这么一段关于各色水果的描写。

　　各种各样的葡萄，各种各样的梨，各种各样的苹果，已经叫人够看够闻够吃的了，偏偏又加上那些又好看好闻好吃的北平特有的葫芦形的大枣，清香甜脆的小白梨，像花红那样大的白海棠，还有只供闻香儿的海棠木瓜，与通体有金星的香槟子，再配上为拜月用的，贴着金纸条的枕形西瓜……

怎么样，你有没有产生关于北京秋天水果的鲜明生动的表象？这里大量地使用了名词和形容词，对于每种水果的细节描述也很多。

再来一段。

……兔儿爷——有大有小，都一样的漂亮工细，有的骑着老虎，有的坐着莲花，有的肩着剃头挑儿，有的背着鲜红的小木柜；这雕塑的小品给千千万万的儿童心中种下美的种子。

老舍这段关于兔儿爷的描写，精准地使用了各种动词，描绘了不同兔儿爷的细节，使读者产生生动的艺术表象。

散文、小说如此，诗歌更是如此。诗歌能用很短的篇幅使读者产生鲜明的表象，更容易打动读者，令读者记忆深刻。例如下面这些诗句。

两个黄鹂鸣翠柳，一行白鹭上青天。

窗含西岭千秋雪，门泊东吴万里船。

半亩方塘一鉴开，天光云影共徘徊。

大漠孤烟直，长河落日圆。

青海长云暗雪山，孤城遥望玉门关。

落霞与孤鹜齐飞，秋水共长天一色。

是不是每句诗都令你产生了鲜明的表象？这些诗句使用了很多名词、形容词、动词，并且描绘了大量的细节。正是这些表象烘托出了鲜明的意境，让人产生了强烈的代入感，有如身临其境，印象深刻。正所谓，表象是艺术创作的基因。

表象是艺术创作的基因。

体育运动

我们往往会对在某一领域有高超本领的人特别崇拜，对作家如此，对运动员也是如此。奥运健儿能够打破纪录，离不开他们多年来的刻苦训练和在比赛中的稳定发挥。

运动员比赛，比的就是恰当地做出正确的动作，取得最好的成绩。

动作有正确与不正确之分，其产生的效果也不一样。怎样才能做出正确的动作呢？运动员需要对自己的动作建立一套表象。

一般来说，运动员在运动时是看不到自己的动作的，那么他怎么才能知道自己的动作是不是正确的呢？在这里，表象就起到了重要的指导作用。运动员必须在脑海里想象自己该如何把动作做到位，比如我们看到跳水运动员在跳水前会站在台上若有所思，事实上他可能正在脑海里预演自己接下来要做的动作，用这套表象来指导自己进行即将开始的表演。

比赛时，教练会在一旁录像，每次比赛后，教练都会将比赛视频播放给运动员看，并告诉他哪里对了，哪里错了。这是在帮助运动员重新建构关于什么是正确的动作、什么是不恰当的动作的表象。运动员用这样的表象校正去调整接下来的比赛动作。

有研究表明，运动员在训练开始前、训练中、训练结束后以及睡前，在脑海中回溯自己的正确的动作，有助于形成更好的有关正确动作的记忆，有利于提高运动成绩。而且每次回溯都不会用很长时间，几分钟，重复 5 ~ 10 次动作表象即可。所以，好的运动成绩并不是光靠练，还要运用表象操纵能力。

相比较而言，舞蹈演员要幸运得多，他们平时训练的大厅里都有一面很大的镜子，可以通过镜子随时观察自己的动作是否标准，举手投足间的每一个细节是否到位。这些细节的表象指引着他们不断调整动作，并调用自己的本体感觉不断完善身体姿势，使自己越跳越好。

表象训练对于运动员和舞蹈演员而言还有心理上的影响，那就是在每次比赛或演出前，想象自己即将取得成功，获得观众的赞赏、喝彩，那种场景的表象会让他们更有自信心，从而克服紧张情绪，取得更好的成绩。

作为普通人，我们也可以在平日的运动中利用表象操纵能力来判断自己的姿势是否正确。比如，跑步姿势对吗？如果不对，会严重伤害膝关节，身体能感受到膝关节的不适。三步上篮的姿势对吗？排球、羽毛球扣球的姿势对吗？乒乓球提拉弧旋球的姿势对吗？游泳时划手、打腿的姿势对吗？……体育运动中的每一个姿势都大有讲究，做正确了才能既不伤害身体，又能有更好的运动表现。

这里还要提到教练的作用。为什么要请个好教练呢？因为教练会给我们示范正确的动作，我们看完教练示范的正确动作后，就能建立关于正确动作的表象，并将其留在自己的大脑里，之后运动的时候，我们就能靠这套表象来指引自己模仿这个正确动作。

表象可以来自现实，也可以来自想象，因而表象可以超越现实。而强大的表象操纵能力是创造力的基础。有了这样的基础，人类不仅能认识世界，还能改造世界。

第三节 想象：思维的体操

人的灵感是从哪里来的？如果我们是牛顿，我们能从苹果落地的现象中发现万有引力吗？如何让自己变得更有创造力？如何才能提升自己解决现实生活中各种难题的能力？

心理学告诉我们，想要提升上述能力，首先要具备想象力。

想象是一种独特的思维形式，是大脑运用自己的能力对各种已有的信息进行加工的过程。这些信息可以是形象或者表象，可以是某种过程，也可以是某种关系，甚至可以是某种结果。

我们想象一枝盛开在高山上的玫瑰花，或是想象我们站在火星上的样子。这些是对表象的想象。

我们想象冰雪不断融化，形成大河奔涌而下，或是想象一粒种子发芽、开花、结果，或是想象一系列零部件被组装成完整的汽车。这些是对过程的想象。

我们也可以想象不同事物之间有什么关联，例如，血型和性格之间是否有什么关联？南美洲的一只蝴蝶扇动翅膀和北美洲的飓风有什么关系？这些是对关系的想象。

我们还可以想象吃了不干净的东西会引发什么样的肠胃反应，会有什么样的肌体感受；或者想象通过我们的努力争取到了一个怎样好的未来。这些是对结果的想象。

当然，这只是个大致的分类，因为在很多情况下，对表象、过程、关系、结果的想象未必会分得那么清楚。

值得注意的是，想象的内容可以是现实的，也可以是超现实的，既可以是现实中存在的，也可以是现实中完全不存在的。从这个意义上来讲，想象具有创造力，它可以帮我们预见未来，对我们解决问题非常有帮助。实际上，解决问题往往依赖对表象、关系、过程、结果的想象。总之，我们可以把想象视为思维的体操。

想象是思维的体操。

而所谓创造力，在心理学里指的是人们提出新的想法，发明新的事物，或者以新的方式解决问题时表现出来的能力，它是人类得以不断发展、进化的重要心理素质。

显然，创造力和想象力是不可分割的，创造力需要想象力，而想象力的结果直接输出为创造。对表象、关系、过程、结果的想象，直接影响我们的创造力。

下面我们从不同角度，特别是从数学角度来说一说不同的思维方式如何提升人的想象力和创造力。

哥德巴赫猜想：逆向思维

经典的逆向思维的事例是数学中的哥德巴赫猜想。

大家都知道，数学中的素数是指除了能被 1 和自己整除之外，不能被其他任何数整除的自然数。自然数 2 是一个特殊的偶数，凡是比 2 大的偶数，都可以被 2 整除，所以，凡是大于 2 的偶数，都不可能是素数。换个角度说，大于 2 的素数都是奇数。哥德巴赫爱思考，他于是这样想：

既然所有大于 2 的素数都是奇数，那么任意两个大于 2 的素数相加，必定是个偶数。

6 等于 3 加 3，8 等于 3 加 5，10 等于 5 加 5，12 等于 5 加 7，14 等于 7 加 7……如此下去，总可以用两个奇素数加出一个又一个紧挨着的偶数。

随后，奇迹产生了——爱琢磨的哥德巴赫思考：

是不是任意一个足够大（不小于 6）的偶数，总能写成两个奇素数之和呢？

这就是著名的哥德巴赫猜想。当年，哥德巴赫证明不了这个猜想，便写信给大数学家欧拉，而欧拉至死也没能证明这个猜想。对这个猜想的证明影响了后世的数学家，许多著名数学家都投入其中。这个事例向我们展示了逆向思维对人类知识的拓展作用和重要价值。

逆向思维在科学创造领域是很常见的。例如，原子裂变时，会释放出巨大的能量，这就是原子弹爆炸的原理。那么，逆向思考一下：原子聚变时，是否也能释放出巨大的能量呢？

答案是能，而且释放的能量更大，威力更大，这就是氢弹爆炸的原理。

逆向思维也被大量运用在商业领域的发明创造中。

我们常用的便利贴是由著名的 3M 公司发明的。3M 公司有一个著名的实验室，专门研发黏合剂，也就是胶水。

有一次，一位工程师发现了一种比较稀薄、似黏不黏的东西，说它不黏吧，又有点儿黏性；说它黏吧，黏性又不是很强。这位工程师一时想象不出它到底有什么用，就向实验室的领导做了报告。领导训了他一顿："我们的实验室是以发明世界上最强有力的黏合剂为荣耀的。你找着这么一种半黏不黏的东西，还好意思跟我说啊？！"

虽然遭到了否定，但这位工程师总觉得它应该有一定的用途。他的逆向思维驱使他锲而不舍地想象这种东西到底能有什么用途。他逢人就介绍自己的新产品。最后，人们终于想出，这种胶水可用来制作便签条或书签，粘上去不会掉下来，但揭下来又不会撕坏纸张或弄脏墙面。

这个产品很快推向市场，给 3M 公司带来了巨大的利润。

这一真实案例再一次证明了逆向思维的价值。

奇完全数：镜像思维

镜像思维，顾名思义就是像照镜子一样里外成对的、对偶的、对称的思维。镜像思维可以非常好地提升我们的想象力，帮我们获得新的发现。

在数学中，有这样一种数，它本身的 2 倍是它所有因子的总和。1、2、3、6 这几个数都能整除 6，所以叫作 6 的因子。因此，6 的因子就是 1、2、3、6，而 $2 \times 6=1+2+3+6=12$，所以 6 的 2 倍就是它所有因子的总和。再比如，28 这个数的因子有 1、2、4、7、14、28，而 $2 \times 28=1+2+4+7+14+28=56$。在数学里，这样的数被称为"完全数"，又称"完美数"或"完备数"。

有意思的是，数学家经过研究，找到了一个寻找和表达完全数的公式：$2^{n-1} \times (2^n-1)$。值得注意的是，公式中有一项是 2，这也就意味着，由此找到的完全数必定是个偶数，因为它有因子 2，所以这类数也可以叫作"偶完全数"。

对于这个公式，数学家进行了丰富的想象，先后提出了很多问题，其中广为人知的一个问题是由 17 世纪的法国大数学家费马提出的：存不存在这样一个奇数，它的 2 倍等于它所有的因子之和呢？换言之，既然存在偶完全数，那是否也存在奇完全数呢？这是一个著名的数论难题。费马提出这个猜想，正是运用了镜像思维，从偶完全数的特征出发，进行对偶思考，想象是否存在奇完全数，大大地拓宽了知识的边界。

可以说，镜像思维是人类发挥想象力和创造力的一种重要方式。

镜像思维在科学研究中的应用很广。比如，人们由负电子想到正电子，由物质想到反物质。这些都是先有思维想象，而后才有实验检测。可以说，镜像思维指引了科学创造。

在现实生活中巧妙地运用镜像思维，也能给我们带来很大的帮助。有这样一个故事：

有个女孩，她的父亲欠了商人一大笔钱，无法偿还。商人打起了女孩的坏主意，他对女孩的父亲说："我们来做个游戏吧，选两枚石子，一黑一白，我们来抓阄。如果你女儿抓到了白石子，那么我们的所有债务一笔勾销；如果你女儿抓到了黑石子，那么你就把女儿嫁给我，抵偿债务，怎么样？这个交易很公平吧？"女孩的父亲没有任何办法，他舍不得自己的女儿，对这个交易深恶痛绝，但又无可奈何，只能安慰自己：或许还有转机，总有 50% 的把握吧。

于是他们一起走到撒满碎石子的路上。商人迅速从地上捡起两枚石子，放进一个布袋子里。女孩眼神很好，看到商人抓到的其实是两枚黑色的石子，心想："这下糟了！我无论如何都抓不到白石子，100% 会抓到黑石子！可是，我又不能直接戳穿商人的鬼把戏，因为那样一来，虽然游戏会被取消，但是父亲仍欠他钱。有什么办法能赢得这个游戏呢？"

办法是有的，女孩进行了镜像思考："我无论怎样都抓不到白石子，但是对方抓到的总是黑石子。想要逆转局面，不在于我能否抓到白石子，而在于对方抓到的是黑石子。只要对方抓到的是黑石子，那对方不就输了吗？难题不就解决了吗？"

想到这儿，女孩变得很淡定，只见她迅速从袋子里抓出一枚石子，向背后扔去，然后指着袋子对商人说："我抓的是白石子，不信你看，袋子里剩下的一定是黑石子。"

商人顿时傻了眼，因为他知道，袋子里肯定是黑石子。他耍小聪明，自以为有 100% 的胜算，现在却是 100% 地输掉了游戏。而女孩则通过镜像思维，把看似 100% 会输的局面，变成了 100% 的胜算。

正是颠覆性的镜像思维拯救了女孩和她父亲。可以说，镜像思维是我们创造性地解决问题的重要法宝之一。

从毕达哥拉斯到费马：延展思维

勾股定理大家都熟悉，说的是直角三角形的两条直角边边长的平方和，等于它斜边边长的平方。在古希腊，这也被叫作"毕达哥拉斯定理"，因为在西方它最早是被古希腊科学巨人毕达哥拉斯发现的。这一定理用公式表达为：$x^2+y^2=z^2$。这个公式有个特点，它可以有无数多个正整数解，比如：

$3^2+4^2=5^2$，

$5^2+12^2=13^2$，

$6^2+8^2=10^2$，

……

这个特点对于现在的我们来说再寻常不过了。然而，它在数学家费马眼里却不简单。这个定理也可以写成：$x^n+y^n=z^n$，当 $n=2$ 时，x、y、z 有无数组正整数解。费马由此进行延展，把 n 的值从 2 展开去思考，例如，当 n 大于 2 时，公式中的 x、y、z 还有正整数解吗？费马的推想是：没有了。他甚至声称自己已经给出了证明，可后人并没有找到相关文献。这也是数学界的一大悬案，这一猜想被称为"费马大定理"。

随后的 200 多年，人们一直在试图证明这个定理，直到 20 世纪 90 年代才证明了出来。在德国，数学家为征寻这个定理的证明，还悬赏过 10 万马克（1 马克 ≈11.63 人民币）。为了证明费马大定理，数学家还发明了很多证明的理论和手段，以至于有人夸张地说，有关费马大定理的证明几乎可以用来写一部数学史！而这一切，只是源自费马当初一次看似"轻描淡写"的延展思维。

这一数学事件带给我们的心理学启示是：不要停留在现有的形式上，而要以此为基础，向更多或更广的形式延展，看看能得到什么新的形式。

这就是延展思维。

现实生活中运用延展思维进行发明创造的例子也很多。

有顾客要买一种尺寸独特的钻头。延展思维，为什么要用这样的钻头呢？因为他要做书架。为什么要做书架呢？再推想一下，因为要放书。继续延展思维，为什么要放书呢？是因为有大量的书籍要读；接着想想，多大的书架才放得下这么多的书呢？靠书架不是办法。再推想一下，有什么办法能够放下大量的书籍呢？再次延展思维，在数字化时代，有没有更好的办法放这些书呢？于是，"电子书"诞生了。

再举一个例子，我们要开一家出租车公司，那就要买小汽车。为什么要买小汽车呢？因为我们要有足够多的小汽车投入运营，去路上载客。那要买多少辆小汽车才够呢？越多越好。但哪儿来那么多钱呢？成本是个无底洞啊！所以，靠买小汽车开出租车公司不是个好办法。延展思维，有什么别的办法能让马路上的车全是自己公司的"出租车"呢？没错，让私家车加入我们，做我们的"出租车"，那我们就不用买小汽车，只要设置加盟规则就行了。你看，这样是不是就诞生了新的商业模式？

那么，再延展思维，如果把小汽车换成货车、自行车，甚至不只车子，还有房子、农具、知识产品，有没有可能创建一种新的商业模式呢？

延展思维告诉我们：人类的智慧或许是有限的，但据此而延展出的发现和创造，可以是无限的！

有限与无限：超越想象力

运用想象力时有一点要注意：人的想象力是有限的。运用想象力的时候，要设法突破自己想象力的局限。

自然数是无限多的，自然数又分为奇数和偶数，奇数是无限多的，偶数也是无限多的。那么请问，自然数和偶数哪个更多呢？乍一听，你会觉得这个问题很奇怪。由于自然数包括了所有偶数和所有奇数，多数人会认为，自然数应该比偶数多。

对于这个问题，我们换个方式来思考。

著名德国数学家希尔伯特曾打过这样一个比方。假设有一家酒店，它有无限多个房间，用自然数编上房号。现在，酒店已经住满了无限多的客人。这时候又来了无数个客人。怎么办呢？酒店老板很聪明，他让现在所有的旧房客都住进奇数号的房间，腾出偶数号的房间，然后让新来的无数个客人住进偶数号的房间，于是，所有的客人就都住下了。

这是不是很奇怪？也许你一时半会儿理解不了。其实，这是在考验我们的想象力！通常，我们的想象力是有限的，而自然数、偶数、奇数是无限的，我们用有限的想象力去想象无限的事物，常常会感到困惑。

有这样一道题，可以试着用想象力回答。

一张 A4 大小的纸能连续对折 64 次吗？你能想象这张纸被连续对折 64 次后有多厚吗？

正确的答案可能会令人惊讶，且远远超出了大多数人的想象。正确答案如下：

一张纸对折 1 次以后有 2 层，对折 2 次以后有 4 层，对折 3 次以后有 8 层，对折 4 次以后有 16 层，对折 5 次以后有 2 的 5 次方共 32 层……依次计算下去，对折 64 次，它就有 2^{64} 层。那么，它到底有多厚呢？大概估算一下，100 层是 1 厘米，1 万层是 1 米，1000 万层就是 1 千米，而 2^{64} 层差不多是 1.8 万亿千米，比地球与太阳的距离还远得多！

的确超出常人的想象！

不过，现实中我们也无法将一张纸对折64次，这是由纸的特殊构造决定的，一张A4大小的纸，对折6～8次就已经是极限了。人们根本就对折不了那么多次，对折若干次以后，纸就折不动了。这也是人们想象不到的事。

可是，人们为什么对自身的想象力那么有信心呢？我们总以为自己能够想象出自己要想象的东西，但其实，很多时候，我们该想象的想象不到，而无法想象的却以为能够想象得到。因此，要特别警惕自身想象力的局限性。

有一则古老的故事很好地证明了这一点。

有一位国际象棋高手，打遍天下无敌手。国王不服气，要跟他对弈。

高手就对国王说："如果我赢了，陛下给我什么奖赏？"

国王说："你要什么就给你什么！"

高手说："那好吧。请在棋盘的第一个格子上给我放1粒米，第二个格子上给我放2粒米，第三个格子上给我放4粒米，第四个格子上给我放8粒米，如此下去，每一个格子里放的米粒数都翻番。"

国王欣然同意。然而，管粮食的大臣阻止他道："不行啊，陛下，我们没有那么多的米，要摆满棋盘，差不多需要我们2000年的粮食总收成！"

国王大吃一惊:"怎么可能?"

请问,国王犯了什么错误呢?

计算一下,棋盘有 64 个格子,到第 64 个格子就要放 2^{63} 粒米。

国王的问题是,以他有限的想象力无法想象 2^{63} 粒米到底有多少。

这些都在告诉我们,人的想象力其实是有限的,要想更好地进行发明创造,我们必须突破想象力的局限,大胆假设,小心求证。

人的表象和想象是反映现实又超越现实的关键能力,是人类智慧的重要体现,在人类的进化中扮演了重要的角色。有了表象,人类不再拘泥于眼前的世界;有了想象,人类可以开拓新的世界。

因为有表象,生活才生动;因为有想象,生活才多彩!

第七章

言语：说与写的智慧

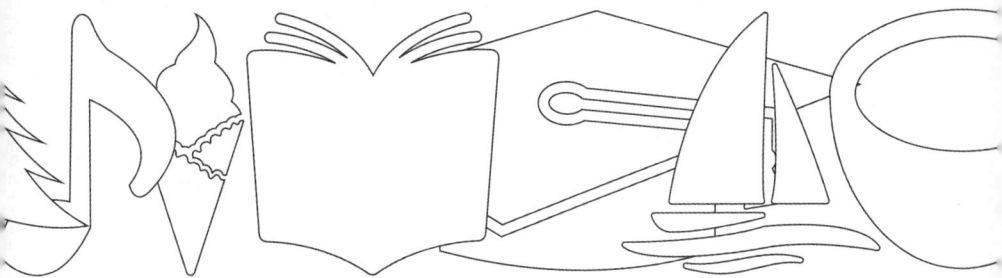

第一节　言语：先天天赋与后天习得

有的孩子不到一岁就能说话，"爸爸""妈妈"地叫着，可爱极了；也有些孩子说话比较晚，这让父母很担心。民间有不少关于孩子说话早晚与智慧水平高低关系的传言，比如"说话晚的孩子更聪明"，又比如"说话晚的孩子智力低下"，好像说话早晚这件事跟孩子的大脑先天条件和后天发育、今后其他各项能力的发展，甚至是孩子的命运有着很大的关系。那么心理学是怎样看待孩子的言语发展的呢？

孩子的言语发展

关于言语能力的发展，早期的心理学家持有不同的观点，有人认为是先天本能使然，有人认为是后天教养的结果。现代心理学则主张两者都不可或缺。一方面，人的大脑神经基础决定了人有先天获得语言的能力。正常的孩子在出生后的早期，能在任何一种语言环境中"自然而然地"学会该环境中的语言；另一方面，孩子要想学会一种语言，必须接触相应的语言环境，而没有这种语言环境，孩子就无从学习。

当然，这种语言环境也可以由孩子自发创造。一项观察发现，一群没有成年人精心呵护和日常照料的孩子生活在一起，在没有机会接触成年人的语言的环境中，他们竟然自发地创造出一种"语言"，用声音和手势沟通。这表明，人有天生的学习和创造语言的能力，但这种能力的发挥必须以一定的人际交往环境为基础。

由此可知，孩子说话晚既可能有先天的神经发育原因，也可能有后天的环境教育原因。总体来说，这些原因可以归纳为以下几大类。

生理原因。比如，有些孩子听觉神经的发育有问题，或者与说话相关的大脑运动神经的发育有问题。这些方面的问题可以通过及早诊断发现，比如诊断孩子的听力是否正常，或看他有没有正常的咿呀学语现象。还有些孩子患有孤独症，导致言语缺陷，要及早进行专业干预。

语言环境。比如，父母没有经常对孩子讲话，孩子没有处在一个有着丰富的语言信息的环境里。语言环境对孩子及早获得言语能力是非常重要的。在有些家庭里，父母很少对孩子讲话，或者干脆把孩子交给老人或者保姆带，老人、保姆不注重与孩子的沟通，这些都可能影响孩子的言语能力。

社会环境。如果孩子生活在充斥着紧张、压抑、排斥的社会环境里，长期遭受周围孩子的嘲笑、打骂，或者不被成年人重视，被过于严厉地对待，甚至是被虐待等，孩子处在焦虑和惊恐之中，不敢说话，就会导致言语能力出现问题。

教养方式。有些父母喜欢根据孩子的手势、身体姿势或眼神来判断孩子的需要，而不是鼓励孩子说话，用语言表达自己的想法；或者对孩子缺乏语言方面的要求，很少与孩子互动。这些也会导致孩子的言语能力发展不佳。

至于传言所说的"说话晚的孩子更聪明"，并没有科学依据。确实存在一些不爱说话但智力超群的个案，比如爱因斯坦说话就很晚。但事情的真相是，爱因斯坦2岁就已经能说完整的句子了，他的言语能力没有问题，他只是更爱自己琢磨，喜欢自言自语，很少跟人交流而已。

总之，孩子说话晚和孩子的智力没有必然联系。如果孩子说话晚，可以参考上述4类原因查找症结所在，并采取措施，及时纠正。

当然，孩子言语能力发展得早晚也是有个体差异的，有一个合理的时间范围。有的孩子不到1岁就开始学说话，而有的孩子2岁才开始，这都算是正常的。但是，超过2岁的孩子还没有开始说话，父母就要提高警惕了。

2011年，美国的《儿科》（*Pediatrics*）上有一篇关于孩子言语能力发展的追踪研究报告。安德鲁·J. O. 怀特豪斯等人观测了142名2岁时仍不太会说话的儿童和1245名言语能力发展正常的对照组儿童，分别在他们5岁、8岁、10岁、14岁和17岁时进行了多项心理测量。结果表明，虽然有些孩子说话晚，但只要他们开始正常说话，其言语能力很快就会赶上来；而且，这并不会增加他们日后出现情绪和行为障碍的风险，不会影响他们之后的心理发育。所以，在合理的时间范围内，父母不用过于担心孩子说话晚的问题。

这就好比，总有些花会开得迟一些，但只要开了，同样美丽。

外语的学习

了解了孩子的言语发展，我们再来讨论一个大家常关注的问题：外语的学习。

说到外语言语能力的获得，很多人的第一反应是问："孩子多大适合学英语？""怎么做才能让孩子掌握更多种外语？"……

我有一个好朋友在香港一所大学当教授，他的两个孩子是真正的"三语儿童"：他是香港本地人，说粤语，两个孩子跟他交流用的是粤语。除了母语，他们还会两门外语，他太太是日本人，说日语，两个孩子和妈妈交流用的是日语；而两个孩子在学校里和老师、同学交流，用的是英语。两个孩子从小就在包含 3 种语言的环境中长大，但是没有任何语言问题，3 种语言讲得都非常好。

还有外语言语能力更强的。当年北大的辜鸿铭先生会讲 9 种语言，我认识的一位美国心理语言学家能讲 20 多种语言。这些都表明：人类其实有高超的语言学习能力。

很多人都对此感到疑惑："我连学一种外语都费劲，为什么他们能学 3 种甚至更多种外语？"

其实仔细想想，就会有不一样的发现，一个几岁的小孩子很轻松就能学会自己的母语，或者把他放在任何一种语言环境中，他都能轻轻松松地学会那种语言。

这是因为学习语言是人的一种本能。

心理语言学家乔姆斯基提出了一个著名的概念，叫作"语言获得装置"，用它来解释幼儿最初是怎么获得言语能力的。

在乔姆斯基看来，人类的大脑具有特殊的神经构造，就像一个独特的语言获得装置，无论向它输入哪一种语言材料，它都能自然而然地输出这种语言的语法，让人类掌握这种语言。

乔姆斯基的理论是有广泛的科学证据的。比如，所有语种的儿童在学习语言时，都会经历同样的言语能力发展阶段，并且相应的顺序不会颠倒，都是从咿呀学语到单字句，再到双字句，再到简单句，最后到复杂句。再比如，在特定的成长时期，儿童都会犯类似的错误，例如分不清人称代词"你""我""他"，也就是说在一个特定的时期，所有语种的儿童都想不明白为什么我是"我"，你也可以是"我"，而他也管自己叫"我"。这类跨文化证据表明，言语获得和语种、文化、地域无关，是先天的能力。

这就很容易解释为什么儿童越早学一门外语越容易掌握，因为他靠的是本能。

当然，这里有一个重要的前提条件：言语获得能力的发展有一个关键期，一旦错过了这个关键期，"语言获得装置"就好像"自动关闭"了。一般情况下，儿童在四五岁之前能掌握母语的口语，如果能同时学外语自然是最理想的，但晚于七八岁甚至十一二岁，学习外语就费力了。

关于语言获得关键期的最新研究证据来自脑科学。认知神经科学家运用 fMRI 设备对大脑进行扫描，观测人们在不同的心理活动状态下哪些脑区最活跃。fMRI 是一种无创性、无辐射的神经成像技术，其工作原理是：大脑某一个部位如果进入高度激活的工作状态，该部位的血流活动、耗氧量就会增加，而这可以由 fMRI 设备探测出来。

具体来说，心理学家可以观察对比成年人和儿童在加工母语的语言材料和外语的语言材料时，哪些脑区最活跃，是否有差别。研究表明：成年人学习外语所使用的脑区和学习母语所使用的脑区是不一样的，但儿童学习外语所使用的脑区和学习母语所使用的脑区是一样的。也就是说，儿童学习外语和学习母语所依赖的神经基础和机制是一样的；成年人则不同，他们错过了言语获得的关键期，学习外语时使用的是另一块脑区，而不是学习母语时所使用的脑区——它此时已经"关闭"了。这就解释了为什么成年人学外语要比儿童学外语费劲得多。

自然语言与人工语言

前面我们提到，语言是一套由符号和运用这些符号的规则构成的系统，那么我们就有必要区分自然语言和人工语言。

所谓自然语言，是指人类自古就有的、在进化中逐渐形成的、用以进行有效沟通的语言。这里的"自然"两个字，指的不是大自然，而是指这类语言是人类在婴幼儿时期不用刻意学习就可以自然获得的。

人类各民族的母语都属于自然语言，包括具体的声音（口头语）、文字（书写语）和形象（手势语），这些自然语都有具有明确意义的元素（字、词）和相应的运用规则（语法）。任何一个民族的儿童，不需要刻意教他语法，只要给他提供相应的语言环境和语料，他就能在生活中自然地学会这种语言的语法。这是自然语言的一个重要特征，也是一个谜一般的神奇现象。之所以说它"神奇"，是因为即使是经过多年开发、功能强大的计算机，在对人类的自然语言进行理解时仍会出现偏差，而人类幼儿却能轻而易举地理解。

人工语言通常被定义为人刻意制造出来的语言。这个定义不太精准，因为毫无疑问，自然语言也是人制造出来的。不过区别在于，自然语言是在长期进化中逐渐形成的，而人工语言是人们为了达到某些特殊目的而专门编造出来的，必须经过刻意学习才能掌握。

以下是现实中常用的人工语言。

旗语，帮助人们通过挥舞旗子来实现远距离沟通。双手各拿一面旗子，每只手有7个指定位置——上、斜上、平、斜下、下、正前、反侧。双手组合就可以对应三四十种符号或字母。

音乐记谱法，是指通过使用各种符号、线条、数字来记录音乐的方法，例如五线谱和简谱。

计算机语言，是指通过运用各种符号、代码来约定编程方式的语言。

　　有人会问，聋哑人使用的手语是自然语言还是人工语言呢？这里要说明的是，手语并不是聋哑人专用的。广义上说，手语和口头语是一同发展起来的，在书写语还没有诞生的时代就已经存在了，那个时候人们进行沟通时是连说带比划的。特定的手势可以表达特定的含义。比如，即使你不懂手语，也可以大概猜到手语表达中的"来"和"打"。

　　有人担心手语不能表达比较抽象、复杂的信息。其实，手语的表达并没有我们想象的那么单一（见图7-1）。

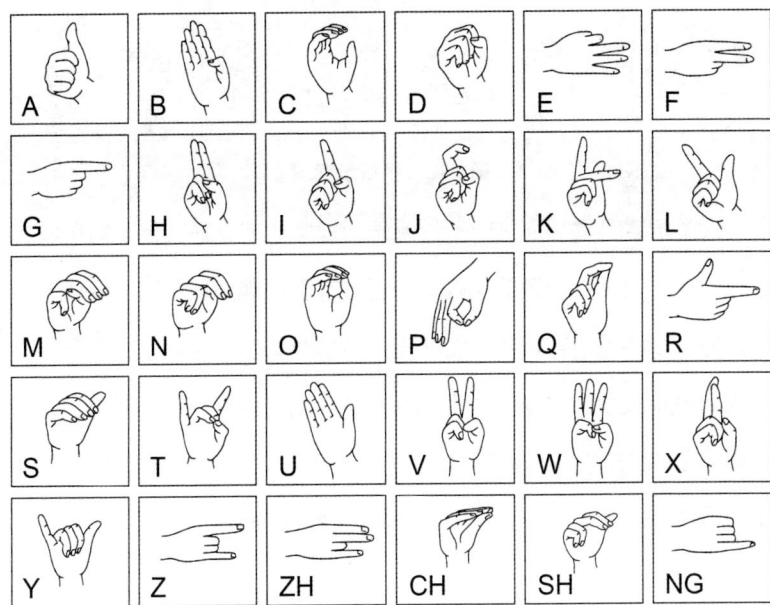

图7-1　汉语手指字母图

我们有两只手，每只手有 5 根手指，可以形成各种形状，各种形状又有多种组合，每只手可以形成各种姿势和运动轨迹，再结合面部表情、口型，就可以产生极其多样的表达。

和书写语一样，手语也经过了漫长的演化，不断地规范。图 7-2 是我国现行通用的汉语字母手语表达方法。

手语也有自己的表意法、构词法和造句法，有多种类型的词汇，也有主语、谓语、宾语、定语、状语、补语等句子成分，也可以表达抽象的意思。它是聋哑人沟通的重要工具。下方是"爱是被点亮的生活"这句话的手语图。

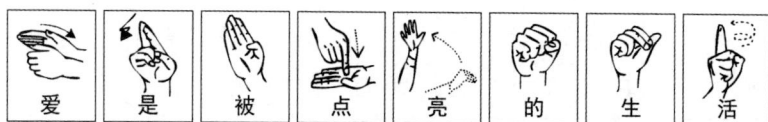

图 7-2　手语示意图

人类语言是物种进化的一种特殊的智慧成就，是其他动物所没有的。它有自己独特的语法结构，能通过有限的规则、单词，生成无限的、复杂多样的语言现象。它有先天的神经结构做保障，人类只要在恰当的时机接触足够多的语言，就能正常地获得这种语言能力，无论接触的是哪种或哪几种语言。

第二节　言语障碍：口吃与脑神经损伤

人类的言语活动复杂多样，言语障碍也有好几种。口吃就是我们在生活中比较常见的言语障碍。有人认为口吃是脑神经损伤造成的。脑神经损伤，特别是言语运动区损伤，的确会造成言语障碍，但这样的言语障碍叫作失语症、失读症，和口吃没有关系。下面我们分别介绍这两种言语障碍。

口吃

口吃，主要是指在说话过程中不自觉地、非本意地重复某些字词，或出现不正常的停顿、延迟，或说出某个字时感到困难。

关于口吃，一个比较主流的观点是：儿童在语言学习过程中出现口吃是一种正常的现象。因为在一个特定时期，一般是 4 岁前后，儿童思维发展得很快，而用嘴说话的能力发展得稍微迟缓，嘴跟不上思维，就会出现口吃现象。这是正常的。

这个原因导致的口吃现象，一般来说，半年、一年之后就会自然消失。对于这种正常的口吃，最好的策略是，不要太在意，不要去刻意关注和纠正，否则会适得其反。

那什么是不正常的口吃呢?

如果孩子在出现口吃现象时,没有得到正确对待和处理,导致这种现象固化下来,一直延续到成年,就会成为一种言语障碍。

电影《国王的演讲》讲述的就是一个与不正常的口吃有关的真实故事。

英国国王乔治六世,也就是已故的英国女王伊丽莎白二世的父亲艾伯特,是一个口吃的人。本来小孩子出现口吃现象是很正常的事情,但是王室家庭过于苛刻,不允许孩子口吃,不接受孩子口吃,老父亲总是严厉地斥责他,他的哥哥也不停地嘲笑他,学他口吃的样子羞辱他,导致他非常羞愧,说话时非常紧张,无法接受自己口吃,甚至无法接受自己,于是在心里落下了"病根",与人面对面交流时很难正常地沟通,更不要说演讲了。但实际上,他在对自己说话、在轻松的场景中与人交谈、谈论自己感兴趣和擅长的话题时,并不口吃。他的口吃是心理障碍,是情绪紧张的后果。在他克服了这些问题后,口吃就消失了。

所以说,口吃并不可怕,可怕的是错误地对待口吃。如果是因为错误地对待口吃而形成了言语障碍,就要及时就医,寻求专业治疗。

1. 口吃的类型和表现

按具体表现来分类,口吃有以下几种类型。

第一种,连发性口吃,具体表现是,说话时不断重复某一个单字,比如"你……你……你来了"。

第二种，往复性口吃，具体表现是，说话时不断重复某一个词语，比如"你来了，中午……中午……中午……吃了吗"。

第三种，中阻性口吃，具体表现是，说话时在一句话的中间突然卡壳，比如，能说出一句话的开头几个字，但说到一半时突然就说不出来了，句子的后半截被"吃"掉了。

第四种，无意义字词口吃，具体表现是，当卡住说不出来的时候，往往会说一些没有意义的词语来填补，帮助自己把后边的话带出来，比如说话说到一半突然卡住，然后一直说"那个啥""那个、那个、那个"。

第五种，拖音性口吃，指在说话时特别想说出来，但偏偏卡在一个地方，导致把某一个字拖得很长，比如"我想要——吃饭"。这也是口吃者的一种策略，通过拖长音为自己留出想后面要说什么的时间。

第六种，始发性口吃，也叫难发性口吃，指开头的第一个字说不出来，很困难，好像话就在嘴边但就是说不出来，而一旦说出了第一个字，后面的话就能很顺利地说出。这种现象往往跟一个人对某个特殊的字的发音困难有关，比如一些人一遇到 b 音、g 音、t 音，就会卡壳。

除了以上几种口吃类型的表现，人在口吃时，因为着急，往往还会使用一些手势和身体姿势来辅助表达，试图通过这些动作帮助自己说话，所以他们还可能有一些手舞足蹈的行为。

这些都是口吃者常出现的行为表现。但要注意的一点是，如果有人偶尔表现出上述行为中的某一种，并不能算是真正的口吃。所谓口吃，指的是稳定的、顽固性的、不断重复的无效言语行为。

2. 口吃形成的原因

关于口吃形成的原因，有很多不正确的说法。比如，有人认为口吃是遗传。还有人认为，口吃靠吃药就能够解决，这种认知是不对的，因为口吃主要涉及言语心理的问题和行为习惯的问题，不是吃药能解决的。还有人认为，口吃是因为发音器官，比如口腔、舌头等有疾病，这也是不对的，口吃者的发音器官和正常人没有什么区别。甚至还有这样的说法，口吃跟左撇子有关，这也没有任何科学依据。

一些学者和矫治医生对口吃形成的原因做了很好的归纳。

原因一，儿童在语言发展过程中有一个特殊的阶段，在这个阶段思维能力发展得较快，特别是开始出现较为复杂的思维模式，比如有关并列关系、因果关系、递进关系的思维模式，这就要求儿童通过语言表达非常复杂的内容，而这时候儿童的言语能力发展稍慢，跟不上大脑思维的发展速度，因此就会出现口吃的现象。这种现象也不是每个儿童都会出现，严重程度、持续时间也因人而异。

正如我们前面所说的，这种情况引发的口吃一般是会自然消失的，能够"自愈"，家长不用太担心。

原因二，不正确的模仿。这也是调查发现的最普遍、最流行、最常见的口吃形成的原因之一。部分孩子口吃的症结其实在家长身上。

有时候家长会有意无意地使用"口吃"式的语言表达，比如有的家长很喜欢说"这个……这个……这个""看……看……看"，或者把某个音拉长，在不该停顿的地方停顿，或者是模仿孩子说话，或者是用一些叠词，导致孩子模仿成年人的这些语言表达，认为这是正常的语言本该有的样子，跟着学习，从而形成口吃。

这种类型的口吃需要家长来帮助矫正，当家长不再对孩子这样说话，孩子这种模仿行为不再被鼓励，不再有效时，口吃自然就会消失，孩子会转而去模仿成年人正常的、正确的语言表达方式。

原因三，刻意提醒和纠正。这类口吃形成的原因主要是家长过于在意孩子的语言是否符合成年人的标准，不能接受孩子在自然情况下出现的口吃，刻意地去提醒、纠正孩子，甚至对孩子进行非常严厉的批评、呵斥，让孩子一说话就陷入极度的紧张之中。口吃是言语能力发展过程中的常见现象，一味地刻意纠正，刻意提醒，甚至刻意批评，会适得其反，导致孩子很难接受自己的口吃，越来越紧张，以致口吃加重。

原因四，意外惊吓。童年时期的某些特殊惊吓事件，比如家长或他人突然严厉训斥、怒吼、恐吓，孩子被吓得呆住，说不出话来。这类事件会让孩子陷入极度恐惧、紧张，不仅可能引发口吃，甚至还有可能引发孤独症、失语症，导致孩子不敢见人，不会说话。

原因五，特殊疾病。孩子早期患上了一些特殊的疾病，对正常说话、发音造成了一定影响，比如小儿麻痹、麻疹、百日咳、猩红热、鼻炎、扁桃体炎等。这些疾病在短期内会影响孩子正常的言语能力，但也有疾病治愈以后孩子仍口吃的情况，即所谓的"后遗症"。

弄清口吃形成的原因就可以及早预防或"对症下药"。

针对不同类型的口吃有不同的矫正办法。对于比较严重的口吃，应该寻求专业机构的帮助。当然，也有一些矫正方法是可以在家庭成员之间或者朋友之间的互动中实施的。

3. 治疗口吃的心理研究

心理治疗领域也有一些针对口吃矫正的实验研究。

音乐治疗和基于音乐的干预，被越来越多地应用于与言语、语言和交流需求相关的治疗中，其中就有针对口吃的青少年进行的"群体音乐治疗"。

有专家学者举办了为期一周的针对口吃的孩子的强化治疗训练营。他们随机选择一组孩子进行实验。实验组中，每个有口吃症状的孩子都接受了以下训练。

训练一，听喜爱的音乐。这能让孩子内心产生整体感、幸福感以及对生活的目标感，有助于他们对自己和现状感到满意。

训练二，唱喜欢的歌。这是一个提高语言表达流畅性、增强自信、调动情绪的训练。

训练三，即兴演唱。孩子积极参与治疗师或其他小组成员发起的音乐创作，在小组讨论中，用即兴演唱的方法探索发音吐字的流畅性和情绪反应。

训练四，歌曲创作。不管有没有音乐天赋，孩子都可以进行歌曲创作，包括写歌词、哼曲调、唱歌词等。歌曲创作可以满足创作者的情感、认知以及沟通需求。

除了上述训练，孩子还要与专业治疗师一同完成以下任务。

任务一，讨论与口吃相关的感受。

任务二，倾听他人的演说和音乐作品。

任务三，学习一些心理学知识，减少因口吃而产生的焦虑。

任务四，与同龄人交流，从而在这个场合下互相倾听、沟通、反馈、赞扬，建立友谊，互相鼓励。

实验结果显示，群体音乐治疗可以有效提高有口吃症状的孩子的言语表现水平。群体环境提供了一种应对与口吃相关的孤独感和孤立感的方法，让这些孩子认识到自己并不孤单。不仅如此，群体音乐治疗营造了更包容、更开放的氛围，孩子不会因为他们说话或表达自己的方式而感到自卑。

这项实验的重要意义在于将音乐治疗纳入口吃矫正，其成果于2021 年发表在期刊《艺术心理治疗》（*The Arts in Psychotherapy*）上。

4. 针对口吃的训练

在日常生活中也可以通过训练来缓解口吃。

训练一，用自信战胜恐惧。自证预言告诉我们，如果你觉得自己行，你就更可能行；如果你觉得自己不行，那么行也不行。所以，说话时可以像下面这样想。

"我能行，我说话没有问题。"

"说话并不是什么难事。"

"如果我对着稿子念、对着镜子念没有问题，那就是没有问题。"

口吃形成的原因有多种，克服的方法也不同，但共同的原则是：要相信自己可以像正常人一样讲话。与人交流前，不要去想以往的不愉快经历，多想想自己在其他事情上的成功经历，或者想想父母温暖的鼓励。

你越怕出错就越容易出错，不要总提示自己"不要口吃"，或者总想着重新说一遍会更好，这反而会加重口吃，加重挫败感和恐惧心理，导致恶性循环。体育比赛里也有类似的情况，例如，如果总想着上一次的跳水失误，那接下来还会重蹈覆辙；越是念叨这次不要出错，就越容易出错。

训练二，减速、停顿，抑扬顿挫。

口吃者说话时要注意放慢讲话的速度，有节奏地说话，试着以一种随意的态度去说话。

把一句话分成几段来说，比如先说主语、谓语、宾语，再说定语、状语、补语。"如果你能理解这句话，那么说明你的理解能力没有问题。"这句话可以这样有节奏地说："如果——你——能——理解——这句话，那么——说明——你的——理解力——没有——问题。"

说这句话时虽然停顿多到有些夸张，但并不影响表达效果。反复练习这句话，不断提速，直到能流畅地说出来。

抑扬，是指声调、情绪的起伏变化。那么顿挫是什么，有什么意义？心理学家发现，人们在说或听一句话的时候，会按照这句话里的成分（主语、谓语、宾语、定语、状语、补语），或者词组、短语来表达和解读。对于这些成分或者词组、短语，说的人有停顿，听的人理解时也会有停顿。为了证实这一点，心理学家做了这样一个实验。

"没有在长夜痛哭过的人，没资格谈论人生！"

听这句话时注意其中的停顿。

心理学家从这句话里任意抽出一个字（称作"探测字"），然后给出另一个字（称作"判断字"），请参与实验的志愿者判断这个判断字是不是句子中探测字前面紧挨着的那个字。

心理学家分别做了两次测试。

测试一：从这句话中抽出"哭"字，让志愿者判断"痛"是不是"哭"前面与它紧挨的那个字。

这个问题很简单，志愿者几乎马上就回答出来了。

测试二：请志愿者判断在这句话中"谈"前面与它紧挨的字是不是"格"。

这时志愿者会思考一小会儿。

在这两次测试中，"哭"和"谈"是探测字，而"痛"和"格"是判断字。

通过实验，心理学家发现，如果判断字和探测字在同一个词组里，例如"痛"和"哭"或者"谈"和"论"，志愿者判断的速度较快；但如果这两个字不在同一个词组里，例如"夜"与"痛"、"格"与"谈"，那么志愿者的反应速度明显会慢一些，虽然这两个字在句子里同样是紧挨着的。

这个实验表明，我们听人说话时，是按一句话里的不同成分来"分段"接收、加工信息的。在恰当的地方停顿，说话时把控节奏，该断的地方断，该连的地方连，说的人能流畅表达，听的人也容易理解。

训练三，不苛求细节。有些人说话时，总想着先想清楚、想完备、想仔细了再说，甚至在纸上写好了再说，但这样反而会束缚口头表达，导致无法自然流畅地说话。不仅日常说话，即便是演讲、做报告，也要尽量养成脱稿的习惯。总想着逐字逐句地背出准备好的内容，那么在需要临场发挥时就容易不知所措、口吃。所以，不用苛求自己按照稿子一字一句地说，勇敢地按照大致逻辑说下去，脱稿发言。

训练四，积极地练习。练习的内容如下：

（1）练习气息与咬字，增强语言的节奏感、韵律感、轻松感。

（2）练习均匀平稳地呼吸，让说话与呼吸逐渐协调。

（3）练习朗读。抑扬顿挫地大声朗读诗歌、文章，不断加快速度，达到一定的流畅度。

（4）练习接龙。与家人、朋友一起选一首诗或散文，每人轮流读一句，直至流畅连接。

多做这样的练习，不仅可以养成正确的语言习惯，也能增强自信心。

脑神经损伤

理解了口吃形成的原因与矫正方法，我们现在来了解一下失语症、失读症和失写症。它们形成的原因与口吃截然不同，而与脑神经损伤息息相关。

科学家发现，人的大脑里有不同的语言神经区域，它们分别主管语言的理解和语言的表达。主管语言理解的神经区域叫语言理解中枢。顾名思义，语言理解就是接收语言信号并理解其含义。这又分为两个方面，一方面是听懂语言，另一方面是看懂语言。

听觉语言中枢是韦尼克最早发现的，所以也被称作"韦尼克中枢"，它负责听取和理解人们说出的语言，也包括调整自己的语言。如果这个脑区受到损伤，人们就无法听懂别人说的话，也无法执行别人的要求，或者所答非所问，这种现象也叫"听觉失认"，也就是能听到声音，但听不懂意思。甚至他们自己的语言表达也会发生问题，比如逻辑混乱、跳跃、断裂。

另一个语言理解中枢是视觉性语言中枢，负责分析加工所看到的语言文字材料，也叫"阅读中枢"，包括韦尼克中枢的一部分和其上方的部分脑区。如果这部分脑区的神经受到损伤，人们就无法理解所阅读的文字内容，换句话说，能看到文字符号，却不明白是什么意思。这被称为"失读症"。

主管语言表达的区域叫作大脑言语运动中枢，涉及多个脑区，分别负责语言的说和写，分为运动性语言中枢和书写性语言中枢。

运动性语言中枢又叫说话中枢，最早是由布洛卡发现的，所以也叫"布洛卡中枢"。如果这部分脑区的神经受到损伤，人就会丧失说话的能力。虽然他的发音器官、相关的肌肉都是正常的，但他不会说话，也就是指挥说话运动的大脑神经不能正常工作了，这被称作"运动性失语症"。

书写性语言中枢简称书写中枢，负责指挥人们进行精细的书写、绘画。如果这部分脑区的神经受到损伤，人的手虽然仍然能够活动，但无法执行精细的语言书写活动。这也被称为"失写症"。

以上4个大脑中枢分别对应人类语言的听、读、说、写4个方面，前两个涉及语言的理解，后两个涉及语言的表达。在人们实际的言语活动中，这4个脑区相互协调，共同完成言语活动。4个大脑中枢的协调合作保证了言语活动的完整性、精确性和协调性，否则就会出现"有耳听不懂""有眼不识字""有口不会说""有手不会写"的问题。这也体现了人类言语活动的复杂性和多样性。当然，它们毕竟是4个不同的大脑区域，如果其中一个部分受到损伤，其他部分的功能并不会因此丧失。这也是人类言语发展的一个策略——避免一损俱损。

值得一提的是，人的大脑神经有很强的代偿能力：如果某一个脑区的神经损伤，它的功能会由周围或对称的脑区来替代。如果语言中枢的脑区损伤发生在较早的儿童期，那么代偿的可能性就更大。例如，有学者指出，在儿童早期，特别是 1 岁前，大脑左右半球的分工特化还没有完全形成，这时候左右脑互相代偿的可能性非常大。即使一侧脑的语言中枢损伤，另一侧脑也能够起代偿作用，使得儿童能够像正常人一样学习语言，正常获得言语能力。

当然，如果语言障碍不是由脑神经损伤造成的，那么就有可能通过治疗、不断训练被克服。

第三节　言语表达：展现内在魅力

　　言语的获得能力是先天具有的，但我们驾驭语言的能力却是后天习得的，可以通过学习培养。好的言语表达透露出的是我们的内在精神世界，言语是我们人格的载体、情感的表达，也是我们用理性的力量影响他人的方式。

言语与思维

　　言语是壳，思维是核。

　　这句话很形象地表述了言语和思维的关系。壳太脆弱，核就保不住，品相就不好；壳太硬，核就取不出来，也就无法展示自己的价值。没有思维的言语是枯萎的，要么没有意义，要么没有逻辑，要么荒诞，要么滑稽。没有言语的思维是传达不出去的，就像想走没有腿，想飞没有翅膀。语言是言语的工具，思维经过语言的精雕细琢，更加灵活，也更加具象，便于人们相互沟通。所以，人类的思维和言语是人类心智发展的两个重要成就和奇迹，是人类进化的重要标志。

　　不过，思维并不一定借助具体的语言来展开。一方面，人类的思维早于语言诞生。另一方面，从个体发育来说，婴儿的思维发展可以先于言语的获得。前语言阶段的婴儿是可以进行思考并做出判断的。比如，让一个 1 岁大还不会说话的婴儿看桌子上的一个玩具，他喜欢这个玩具就会很开心；当用手绢盖上玩具，如果他认为玩具消失了，就会哭；如果他认为这个玩具还在，尽管看不见，但他用手掀开手绢，再次看到玩具，就会开心地笑起来。这说明他判断对了：玩具还在，不管自己有没有、能不能看到它。这就是人类早期的一种思维，心理学家皮亚杰将它称为感觉运动思维。你可以这样理解：这时候思维的元素是人的具体的感觉和运动，而不是语言。

另一种不需要借助语言的思维是形象思维，这时候思维的元素是形象或表象。画家非常善于形象思维，他们运用色彩、线条、形状等来表达自己的思维，形象就是他们思维的元素。据说爱因斯坦也特别擅长形象思维，他甚至说过，有的时候他觉得语言是对他思维的干扰。

当然，言语能力强的人是善于运用语言这种符号系统进行思维表达的人，比如著名作家的作品往往非常有深度，他们对事理的剖析发人深省，对事物的刻画入骨三分。我们想和他们一样，就需要自觉地把语言作为思维的元素，不断练习。一方面，要练习用思维驱动言语（语言的运用），让言语具有丰富的意义和深刻的内涵；另一方面，要练习用言语来包装思维，使思维不断地拓展、发散，从而更清晰、更流畅。

比如看完一本故事书后，一方面，你可以要求自己运用语言复述书中的内容，多复述几次，并比较哪一次的复述更准确、更生动、更深刻，这是在锻炼你的言语能力；另一方面，你可以思考这个故事是不是可以有各种不同的结局，哪种结局会更好，可不可以改编，哪一种改编更打动人心、更富有文学色彩，这是用言语来提高自己思维的活跃度。

言语用语言为思维披上华丽的外衣。

言语与性格

言语方式不仅反映了一个人的思维，也体现了他的性格特点。"听其言，观其行""见其字，如见其人"，意思是说我们可以根据一个人说话的方式、写字的风格来判断他的性格。

比如图 7-3 中的两个字，虽然都是"王"字，但是风格并不相同，在一定程度上透露出了书写者的性格。相对来讲，左边的书写者稍内敛含蓄；右边的书写者略恣意张扬、不受拘束，更外向。有趣的是，即使完全不认识汉字的外国人看到这两个字，也可以得出大致相同的结论。这说明书法可以脱离书写的内容，独立地展示书写者的性格特点。

图 7-3　两位书写者的书法作品

很多人喜欢在社交媒体上进行自我表达。"雁过留声",人们在社交媒体上互动时,就会留下"数字指纹"——人格的行为痕迹——这可以被大数据技术分析检测出来。对社交媒体信息的语言分析已经被用于预测一些信息,比如用于预测年龄、性别、身心健康状况和失业与否等。

一项研究分析了 10 多万名推特(Twitter)用户的人格特征,并用机器学习的算法进行分析,结果发现,通过分析用户的人格特点可以预测他们的职业,准确率高达 75%。这一成果于 2021 年发表在著名的《人格与社会心理学》(*Journal of Personality and Social Psychology*)杂志上。这再次说明,语言是人们相互沟通交流及自我表达的重要工具,我们的言语方式在有意无意间展示了自己的思想、偏好、价值取向、情绪乃至性别、年龄、性格、职业。我们在社交媒体里所说的一切,都会披露我们在现实生活中的心理特征、生物特征和职业特征。

言语之中,没有隐私。言外之意,无处遁形。

言语与影响力

言语是抵达他人心灵的桥梁。好的言语能打动他人,让我们与他人进行思想上的交流,从而影响他人。我们可以从形式、内容和风格3 个方面着手提高自己的言语水平。

1. 形式

有学者分析了 TED 视频里最受欢迎的 500 场演讲，结果发现，就形式而言，讲故事平均占用了演讲时间的 65%，换句话说，讲故事最有用，因为故事能呈现一个事件，它有情节、有细节、耐听。即使是在最纯粹的科学教学中，如果教师善于讲故事，课程也会更引人入胜。比如，在讲授难懂的物理学知识时，如果教师能够介绍研究者的生平、这项研究发现的来龙去脉、研究者面临的困难和挫折，以及解决这个问题的曲折过程，就会大大吸引学生，激发他们的兴趣，使他们更热爱科学。所以，如果你要去演讲，那就要善于讲故事；与其说是去演讲，不如说是去讲故事。

2. 内容

有学者对高评分电影进行了文本分析，发现这些电影有一个共同特点，那就是情节一波三折，让人情绪跌宕起伏。换句话说，好电影消费的是观众的情感。编剧通过撰写情感丰富、情节不断反转的故事来打动观众。观众也不单纯是去看电影的，而是去寻求情感共鸣的。所以，言语要有感染力，要多试着"动之以情"，设法利用情感代入征服听众。

有话无心说不得，有思无语话难成。

3. 风格

教师讲课时的语言风格、节目主持人的语言风格、评书家的语言风格、相声演员的语言风格都是不一样的，但都有各自的感染力，也都取决于具体的场合。不同的演员有不同的表演风格，优秀的演员在扮演不同的角色时，会表现出不同的格调，其言语风格也有明显的差异。从这些言语现象里，我们可以得到这样的启发：多看——多了解不同的人物，多接触各种艺术形式，多注意各类演员的表演；多学——多模仿不同的角色，融汇各种风格。这样就能有效提升自己的言语感染力和说服力，在各种场合面临挑战时就能更灵活地应对。

总体来说就是，形式上要有故事，内容上要有变化起伏，语言风格上要代入身份角色，多看多学，多加练习，如此就可以打造自己的个人魅力和影响力。

最后，我们用亚里士多德提出的 5 种说服方法进一步说明言语与个人影响力相辅相成的关系。

用人格说服。说服他人的过程，也是向他人展示个人魅力的过程。有魅力的人格能征服人心。让你的言语成为你人格的载体，用言语展示你内心的真、善、美，这是听众信服你的根本理由。比如，当年王勃登上滕王阁参加盛宴时，正值年少，在场的人都不相信他能写出什么好文章，但王勃洋洋洒洒写出《滕王阁序》这一千古名篇，既展示了超人的才华，又表达了深厚的情怀和远大的志向，还不失礼仪和谦逊，令人心服口服。

用理性说服。理性是人类言语的法宝。缺乏理性的语言无法服众。以理服人是人类沟通的逻辑内核。比如，荀子《劝学》篇里说："不积跬步，无以至千里。"这句话揭示了走向成功的基本逻辑，令人信服。

用情感说服。情感会让你的言语变成"糖衣炮弹"，很容易打动人。比如李白的"桃花潭水深千尺，不及汪伦送我情"就极言情感之深，直抵人心。

用隐喻说服。这是人类能用言语完成的最伟大的事情之一，它构成了"言词之美"。比如，"腐败是这个社会的蛀虫""人的情怀是最宽广的世界"，全都发人深省。

用简洁说服。有时，少就是多，甚至有时，"无声胜有声"。

高级的言语表达技巧是可以培养的，只要方法正确，功夫到家，效果自现。